FRANZIS
PC+ELEKTRONIK

Roman Mittermayr

AVR-RISC

Embedded Software selbst entwickeln

Mit 88 Abbildungen

Bibliografische Information der Deutschen Bibliothek

Die Deutsche Bibliothek verzeichnet diese Publikation in der Deutschen Nationalbibliografie; detaillierte Daten sind im Internet über **http://dnb.ddb.de** abrufbar.

Hinweis

Alle Angaben in diesem Buch wurden vom Autor mit größter Sorgfalt erarbeitet bzw. zusammengestellt und unter Einschaltung wirksamer Kontrollmaßnahmen reproduziert. Trotzdem sind Fehler nicht ganz auszuschließen. Der Verlag und der Autor sehen sich deshalb gezwungen, darauf hinzuweisen, dass sie weder eine Garantie noch die juristische Verantwortung oder irgendeine Haftung für Folgen, die auf fehlerhafte Angaben zurückgehen, übernehmen können. Für die Mitteilung etwaiger Fehler sind Verlag und Autor jederzeit dankbar.

Internetadressen oder Versionsnummern stellen den bei Redaktionsschluss verfügbaren Informationsstand dar. Verlag und Autor übernehmen keinerlei Verantwortung oder Haftung für Veränderungen, die sich aus nicht von ihnen zu vertretenden Umständen ergeben. Evtl. beigefügte oder zum Download angebotene Dateien und Informationen dienen ausschließlich der nicht gewerblichen Nutzung. Eine gewerbliche Nutzung ist nur mit Zustimmung des Lizenzinhabers möglich.

Satz: Fotosatz Pfeifer, 82166 Gräfelfing
art & design: www.ideehoch2.de
Druck: Bercker, 47623 Kevelaer
Printed in Germany

ISBN 978-3-7723-**4107-6**

Vorwort

Ganz gleich, ob Sie das Wort *Mikrocontroller* heute zum ersten Mal hören oder seit fünf Jahren „Embedded Software“ schreiben: Dieses Buch hilft Ihnen beim Erlernen, Umsteigen und Vertiefen Ihres Wissens zu diesem Thema. Es wird prägnant erklärt, worauf es bei der Softwareentwicklung mit AVR-Prozessoren wirklich ankommt.

Die 8-Bit-Mikrocontroller-Serie von ATMEL erlaubt Ihnen eine rasche Verwirklichung verschiedenster Ideen und Projekte. Die schnelle RISC-Architektur, der einheitliche Aufbau der kompletten Prozessorfamilie und nicht zuletzt die attraktiven Preisangebote für Hobbyentwickler lassen diesen Controller die richtige Wahl sein.

Ich hoffe, dass Ihnen dieses Buch nicht nur Wissen verschafft, sondern auch Freude bereitet. Um Software zu entwickeln, braucht man einen klaren Kopf. Gönnen Sie sich eine Pause, wenn Sie einmal nicht vorankommen sollten. Ich wünsche Ihnen eine Vielzahl an erfolgreichen und spannenden Projekten und stehe Ihnen für Fragen zu diesem Buch gerne über meine Webseite http://www.avrbuch.de zur Verfügung.

> ! Sie sollten einen Blick auf die Webseite zum Buch werfen unter: **http://www.avrbuch.de** - Dort finden Sie letzte Änderungen und aktuelle Updates zu den Beispielen in diesem Buch.

Alle Preise in diesem Buch sind ohne Gewähr. Bitte beachten Sie, dass es sich bei vielen Produktnamen und Unternehmen um eingetragene Warenzeichen handelt.

Mein Dank gebührt einer Reihe von Menschen, ohne deren Hilfe dieses Buch nur eine Idee geblieben wäre. Dazu gehören Alexander Huwaldt von der Firma Laser & Co. Solutions GmbH (www.myAVR.de) und Benedikt Sauter (www.embedded-projects.net) für die großartige Unterstützung. Großer Dank gilt auch den wahren Helden der AVR-Community: Jörg Wunsch und Eric Weddington. Ohne die beiden wäre die Softwareentwicklung am AVR nicht mit dem Komfort möglich, der heute gegeben ist. Sehr hilfreich war die Arbeit von Maria Mittermayr, die mich beim Verfassen des Buchs unterstützt hat. Anke Mündler hat das Projekt mit wesentlichen

Verbesserungsvorschlägen und Änderungen bereichert. Die Schaltungen stammen von Walter Mittermayr. Dank in diese Richtung für die großartige technische Unterstützung beim Aufbau und der Entwicklung der Praxisanwendungen.

Roman Mittermayr
Oktober 2007, Wien

Inhalt

1 Die Vorbereitung 9
1.1 Auswahl des Mikrocontrollers 9
1.2 Das Entwicklungsboard 11
1.3 Die Grundbeschaltung 14
1.4 Programmieradapter 16
1.5 Programmiersoftware 19
1.6 Entwicklungsumgebung (Windows) 19
1.7 Entwicklungsumgebung (Alternativen) 21
1.8 Entwicklungsumgebung (Linux/MacOS) 22
1.9 Einrichten des STK500 23
1.10 Einrichten des myAVR-Boards 29
1.11 Software-Entwicklung mit dem AVR-Studio 31
1.12 Software-Entwicklung mit dem CodeVision AVR C-Comiler 41
1.13 AVR-Fuse-Bits 47

2 Der Mikrocontroller 53
2.1 Grundlegendes 53
2.2 Speicher und Register 54
2.3 Peripherie 57
2.4 Interrupts 63
2.5 Die serielle Schnittstelle (USART/RS232) 64
2.6 Timer/Counter 70
2.7 Analog-/Digitalkonverter 83
2.8 Das interne EEPROM 88
2.9 Watchdog-Timer 90

3 Eine Einführung in Assembler 93
3.1 Was ist Assembler? 93
3.2 Der Befehlssatz 93
3.3 Erste Schritte 98
3.4 Unterprogramme 102
3.5 Bedingte Sprünge 105
3.6 Das Statusregister 108

4 **Eine Einführung in C** 110
4.1 Was ist C? 110
4.2 Das Hauptprogramm 111
4.3 Variablen 113
4.4 Anweisungen und Funktionen 119
4.5 Abfragen und Schleifen 124
4.6 Arrays 135
4.7 Bit-Operationen 139
4.8 ISR: Interrupt-Service-Routine 142
4.9 Pointer (Zeiger) 144

5 **Anwendungen** 147
5.1 Serielle Kommunikation 147
5.2 Die LCD-Steuerung (HD44780 kompatibel) 152
5.3 EEPROM 159
5.4 A/D-Wandler 162
5.5 GPS Way-Tracker 164
5.6 Klingelton 169
5.7 Frequenzzähler 172
5.8 HD44780 LCD via I^2C 177
5.9 LED-Matrix Segment 180

6 **Anhang** 184
6.1 CD-ROM 184
6.2 AVR-Assembler-Befehlssatz 185
6.3 ASCII-Zeichensatz 189
6.4 Interrupt-Vektoren 190
6.5 Linksammlung 191

Glossar 193

Sachverzeichnis 199

1 Die Vorbereitung

1.1 Auswahl des Mikrocontrollers

Der Markt auf dem Gebiet der Mikrocontroller hat sich im Lauf der Jahre ständig vergrößert. Es gibt mittlerweile eine Vielzahl von Anbietern und natürlich eine noch größere Anzahl verschiedener Produktvarianten. Die meisten davon bieten zwar durchweg ähnliche Leistungen, unterscheiden sich aber im Preisangebot, den Einsatzgebieten und natürlich dem Support seitens des Herstellers.

Zu den ersten populären Modellen zählten etwa die Intel-8051-Controller sowie der Siemens C166 bzw. C167 (heute: Infineon). Vor allem am Intel 8051 haben sich viele Hersteller orientiert und ihre Systeme im Kern kompatibel gehalten.

Es gibt aber einige wesentliche Unterschiede bei der Auswahl eines Mikrocontrollers zu beachten: Sie müssen zwischen 8-, 16- und 32-Bit-Architekturen, der Anzahl der benötigten I/O-Pins, der Größe des FLASH/SRAM/EEPROM-Speichers und noch vielem mehr unterscheiden.

Grundsätzlich können Sie bei jedem Ihrer Projekte unter den verschiedenen Herstellern frei wählen. Meist gewöhnt man sich als Entwickler jedoch sehr schnell an eine bestimmte Produktfamilie und müsste wieder erheblichen Lernaufwand betreiben, um auf ein anderes System umzusteigen.

Bei der Auswahl des richtigen Controllers beachten Sie bitte folgende Punkte:

- Wie „populär" ist der Controller im Internet? Finden Sie genügend Erklärungen und Quelltexte ähnlicher Projekte?
- Wo und zu welchem Preis bekommen Sie den Controller?
- Muss Ihr System für niedrigen Stromverbrauch optimiert sein?
- Haben Sie die technischen Möglichkeiten, den Controller instand zu setzen (Controller mit BGA Pins sind für den Hobbyentwickler wahrscheinlich kaum lötbar)?
- Wie gut unterstützt Sie der Hersteller bei der Entwicklung? Gibt es ein Forum, ausreichend Application Notes, Datasheets und eine Entwicklungsumgebung?

Dies sind natürlich nur einige Anhaltspunkte. Bei Ihren Projekten müssen Sie die Anforderungen an den Controller kennen und wissen, welcher Typ sich am besten dafür eignet.

1.1.1 Die ATMEL-AVR-Produktfamilie

In diesem Buch werden wir uns dem Hersteller ATMEL widmen. ATMEL hat eine sehr breite Produktpalette mit einer Vielzahl erschwinglicher Mikrocontroller. So bekommen Sie z. B. den beliebten *ATmega8* wie auch das „wildeste Pferd im AVR-Stall“, den *ATmega128*, bereits für wenige Euro.

Die ATMEL AVR-Serie gehört zur 8-Bit-RISC-Prozessor-Familie und lässt sich im Wesentlichen in folgende Modelle unterscheiden:

- **AT90S**
  Die klassische Variante, wird jedoch von ATMEL nicht mehr empfohlen und großteils von der ATtiny-Serie abgelöst.
- **ATtiny**
  Preislich attraktiv, nur wenige Ein-/Ausgänge und sehr begrenzter Speicher, dafür im Stromverbrauch optimiert und sehr klein.
- **ATmega**
  Größerer Speicher, meist ausreichend Ein-/Ausgänge und weitreichende Einsatzmöglichkeiten durch die sehr breite Konfiguration.
- **Sondermodelle**
  Optimiert für CAN, LCD, USB, ZigBee, ...

Der ATtiny wird gerne in Aufbauten verwendet, in denen Größe und/oder Stromverbrauch entscheidend sind.

Modell	Flash	SRAM	EEPROM	I/O Pins	A/D Kanäle	Schnittstellen
AT90S1200	1	64	-	15	-	-
AT90S2313	2	160	128	15	-	-
ATmega128	128	4096	4096	53	8	JTAG,SPI,IIC
ATmega162	16	1024	512	35	-	JTAG,SPI
ATmega169	16	1024	512	53	8	JTAG,SPI,IIC
ATmega16	16	1024	512	32	8	JTAG,SPI,IIC
ATmega8	8	1024	512	23	6/8	JTAG,SPI,IIC
ATtiny11	1	-	64	6	-	-
ATtiny12	1	-	64	6	-	SPI
ATtiny15L	1	-	64	6	4	SPI
ATtiny26	2	128	128	16	-	SPI
ATtiny28L	2	128	-	11	-	-
	KByte	Byte	Byte			

Die komplette Übersicht finden Sie unter: **http://www.atmelchips.com/dyn/products/param_table.asp?family_id=607**

Abb. 1.1: Übersicht der ATMEL-AVR-Serie

Die ATmega-Serie ist, von kleinen Anwendungen bis hin zu großen Industriesteuerungen, besonders flexibel einsetzbar. Die verschiedenen Typen bieten allerlei Konfigurationen an.

Der ATmega8 bietet mit 8 KB Flash-Speicher (Programmspeicher) genügend Platz für kleinere Applikationen, die ohne Probleme auch in C geschrieben werden können.

Wird mehr Speicher benötigt, bietet der mit 53 Pin bestückte (64-Pin-Gehäuse) ATmega128 mit ganzen 128 KB Flash-Speicher genügend Platz für umfangreiche Software.

1.2 Das Entwicklungsboard

Mit einem Controller alleine lässt sich noch nicht viel erfinden. Jeder Mikrocontroller benötigt eine mehr oder weniger umfangreiche Grundbeschaltung. Diese besteht meist aus einem Quarz und einigen Kondensatoren. Damit können Sie zwar Programme im Controller ausführen, aber eben noch keine Programme in den Controller schreiben.

Dazu benötigen Sie ein Programmiergerät bzw. einen Programmieradapter. Wenn Sie auch noch die serielle Schnittstelle verwenden möchten, kommen ein Pegelwandler (typischerweise der IC: *MAX232*) und eine RS232-Buchse dazu.

Sie haben hierfür zwei Möglichkeiten:

1. Sie bestellen alle Komponenten für die Grundbeschaltung und den Bau eines Programmiergeräts bzw. kaufen direkt ein Programmiergerät.
2. Sie legen sich ganz einfach ein Entwicklungsboard zu.

Ein Entwicklungsboard verfügt meist über eine integrierte Programmierschnittstelle, mehrere Tasten und LEDs und bietet oft auch eine serielle Schnittstelle. Damit ist es ein praktisches Komplettpaket.

Die Preise für Entwicklungsboards sind in der Vergangenheit erheblich gesunken, auch weil viele Privatanbieter bzw. auch Unternehmen ihre eigenen Entwicklungsplatinen z. B. bei eBay oder in den im Anhang erwähnten Foren anbieten.

1.2.1 STK500

ATMEL bietet ein gut durchdachtes, preislich vernünftig angesetztes Entwicklungsboard mit dem Namen STK500. Auf diesem Board finden Sie alle wesentlichen Komponenten, die Sie zur Entwicklung Ihrer Projekte benötigen.

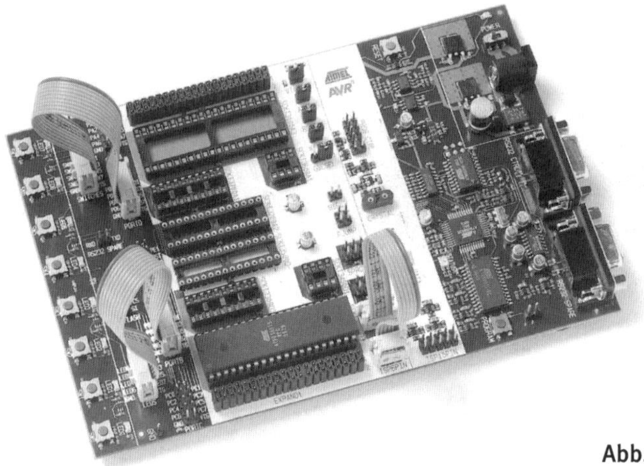

Abb. 1.2: ATMEL STK500

Das Schöne daran ist, dass es möglichst flexibel einsetzbar bleibt. So kann man jeden Ein- und Ausgabepin des Controllers auf eine 8-Bit-LED-Reihe oder eine von acht verschiedenen Tasten legen. Außerdem unterstützt das Board fast alle Controller der AVR-Serie (Details unter http://www.atmel.com/dyn/resources/prod_documents/doc1939.pdf). Sie benötigen daher nur ein einziges Board, egal welchen ATMEL-AVR-Controller Sie verwenden.

Die wohl sparsamste Variante ist jedoch der Kauf eines STK500-kompatiblen Boards oder gleich der Aufbau einer eigenen Platine. Dazu können Sie sich die Links zu verschiedenen Entwicklungsboards im Anhang ansehen. Viele werden ständig weiterentwickelt und durch die Internetgemeinde gepflegt und betreut.

1.2.2 myAVR

Ein absoluter Favorit unter den Entwicklungsboards ist jedoch ein Projekt mit dem Namen „myAVR“. Sie finden alle Details dazu im Internet unter www.myavr.de.

Sie bekommen auf der Webseite den kompletten Schaltplan plus Dokumentation, wenn Sie das Board selbst aufbauen möchten. Außerdem wird auch ein Bausatz angeboten (ca. 39 Euro) bzw. das komplett fertig aufgebaute Entwicklungsboard (myAVR 2 USB-Board, für ca. 49 Euro). Inkludiert in diesem Set ist ein steckbarer USB-Programmer (ISP), der direkt vom AVR-Studio aus verwendbar ist (AVR910-kompatibel).

Dieses Board ist zwar hauptsächlich für die Controller ATmega8/48/88/168 ausgelegt, da diese aber zu den meistverwendeten Modellen gehören, stellt das selten ein Problem dar.

Abb. 1.3: Das myAVR 2 USB-Board

Sie können über die Webseite preiswert auch alle benötigten Bauteile und Mikrocontroller bestellen. Dieses Projekt ist wirklich gut durchdacht und bietet, außer dem Entwicklungsboard, noch eine Reihe zusätzlicher Hilfestellungen:

- Ein sehr gut organisiertes Support-Forum
- Software und Literatur
- Schaltpläne zu den Entwicklungsboards
- Erweiterungskarten für Ihr Entwicklungsboard (Realtime Clock, Temperatursensor, EEPROM, etc.)
- Komplette Projekte mit Dokumentation (und fertige Bausätze)
- Aktuelle Updates für die Software

Wenn Sie erst mit der Entwicklung beginnen, ist dieses Angebot empfehlenswert. Der Preis ist moderat und es ist daher nicht so schlimm, wenn das Board durch eine Überspannung versehentlich zerstört werden sollte oder Sie das ganze Board direkt in Ihr Projekt integrieren wollen (was beim STK500 aufgrund der Größe meist wenig Sinn macht).

Sie finden das entsprechende Datenblatt mit einer umfangreichen Funktionsbeschreibung unter http://www.myavr.de/download/techb_myavr_board_20.pdf.

Sollten Sie sich für ein Board entscheiden, das kein ISP (In-System-Programming) unterstützt, also das Programmieren des Controllers ohne diesen aus dem Board herausnehmen zu müssen, finden Sie etwas später in diesem Kapitel entsprechende Hinweise zum Bau solcher Programmieradapter.

Wichtig ist, dass Sie sich eine flexible und vor allem verlässliche Entwicklungsumgebung aufbauen. Die wesentlichen Komponenten, die Sie dafür benötigen:

- Einen Mikrocontroller
- Ein kleines Set an Quarzen mit unterschiedlichen Frequenzen (wird oft zur korrekten Erzeugung einer Baudrate benötigt oder für höher getaktete Anwendungen).
- Ein Entwicklungsboard (am besten mit ISP-Unterstützung).
- Einen Programmieradapter (ist immer vorteilhaft, vor allem dann, wenn das Entwicklungsboard keine Programmierung erlaubt, oder Sie den Controller schon in ein fertiges Hardwaresystem eingebaut haben).
- Ein IDE (Integrated Development Environment), also eine Software-Entwicklungsumgebung. Dazu bietet sich natürlich das von ATMEL frei verfügbare AVR-Studio an.
- Einen C-Compiler. Hier gibt es eine Reihe kommerziell erhältlicher Produkte, die, je nach Hersteller, preiswert angeboten werden. Wir verwenden jedoch im Rahmen dieses Buchs den frei erhältlichen Open-Source-Compiler AVRGCC (bzw. WinAVR).
- Eine serielle und/oder eine parallele Schnittstelle. Diese benötigen Sie zum Debuggen und zur Programmierung des Controllers.
- Unter Umständen eine USB-Schnittstelle, sollten Sie einen USB-Programmieradapter besitzen.
- Natürlich benötigen Sie auch ein Voltmeter, einen Lötkolben und das nötige Grundwerkzeug zum „Basteln“ von Hardware.
- Empfehlenswert ist ein Oszilloskop. Sie werden wahrscheinlich eine Menge Fehler suchen, die ohne Oszilloskop schwer zu finden sein werden.

1.3 Die Grundbeschaltung

Wenn Ihr Projekt nun am Entwicklungsboard läuft und Sie Ihre eigene komplette Schaltung daraus entwerfen möchten, benötigen Sie immer ein Grundgerüst bzw. die Grundbeschaltung eines AVR-Controllers. Auf Seite 15 sehen Sie ein Beispiel für den ATmega8.

Dazu benötigen Sie folgende Bauteile:

- ISP-Stecker
- C1-Kondensator 100 nF
- C7-, C8-Kondensator 22 pF
- Mikrocontroller ATmega8
- Quarz 3,686 MHz (oder auch größer: 4, 8, 16 MHz)

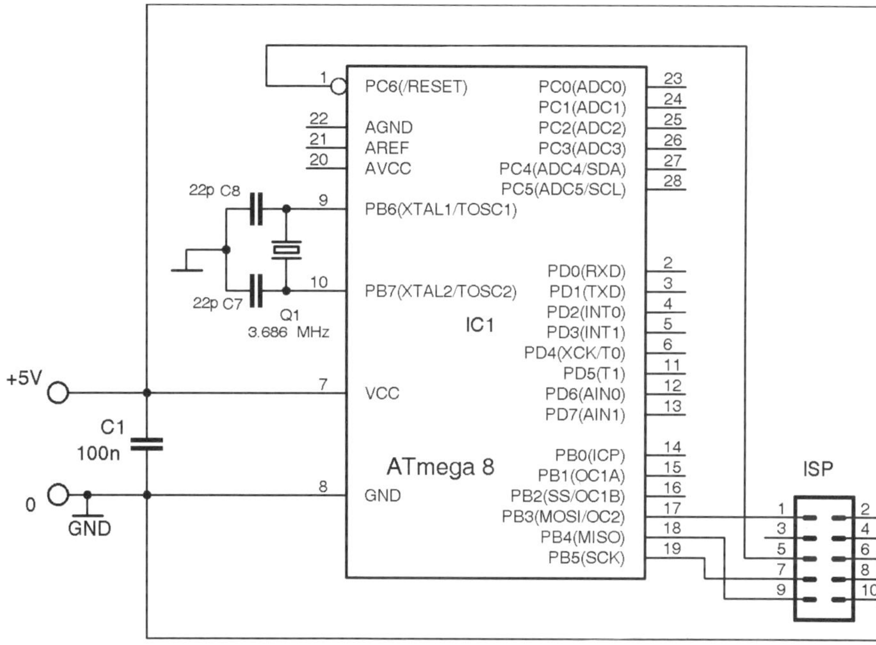

Abb. 1.4: Grundbeschaltung

Achtung: Der ATmega8 (und andere) sind im Auslieferzustand auf einen „internen Takt" eingestellt. Er berücksichtigt daher den extern angehängten Quarz bzw. Taktgeber gar nicht. Um von „internen" auf „externen" Takt zu schalten, müssen Sie die *Fuse-Bits* entsprechend setzen. Dazu finden Sie detaillierte Informationen etwas später in diesem Kapitel.

1.3.1 Stromversorgung

Der ATmega8 wird mit einer Versorgungsspannung (VCC) von 5 V betrieben. Sie können den Controller daher entweder direkt mit einem regelbaren Netzgerät oder komfortabler (und sicherer!) mit einem beliebigen Steckernetzteil (9–12 V) versorgen. Dazu benötigen Sie einen Spannungsregler, der mit der Grundschaltung in Abb. 1.5 (siehe http://www.mikrocontroller.net/articles/AVR-Tutorial:_Equipment) einfach aufgebaut werden kann:

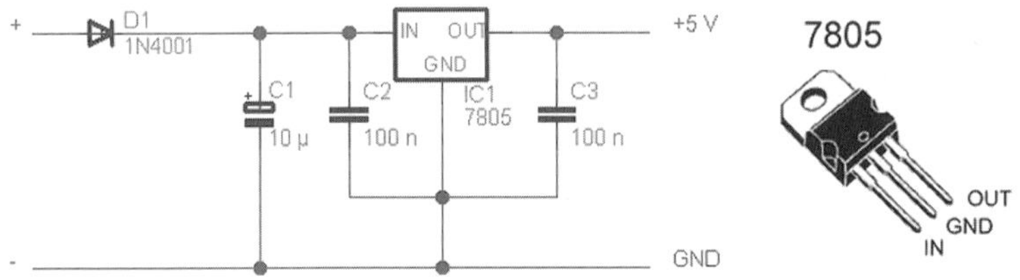

Abb. 1.5: Beschaltung des Spannungsreglers

Folgende Bauteile sind dafür notwendig:

- IC1: 5 V-Spannungsregler 7805
- C1: Elko 10 µF (Polung beachten!)
- C2, C3: 2x Kondensator 100 nF
- D1: Diode 1N4001

Der Spannungsregler wandelt eine beliebige Eingangsspannung von 9 bis 12 V in die gewünschte 5-V-Versorgungsspannung für den AVR-Controller um. Diese Schaltung schützt den Controller zum Teil auch vor einer eventuellen Überspannung.

1.4 Programmieradapter

Wie bereits erwähnt wurde, brauchen Sie möglicherweise einen Programmieradapter, je nachdem, welches Entwicklungsboard Sie verwenden. Mit einem solchen Adapter können Sie Ihren Mikrocontroller programmieren (*flashen*), sollte Ihr Board das nicht unterstützen.

Es gibt eine große Auswahl an kommerziellen Programmieradaptern. Wenn Sie aber die kostengünstigere Variante wählen wollen, seien folgend ein paar frei erhältliche Schaltungen vorgestellt.

Grundsätzlich unterscheidet man die Programmieradapter nach der verwendeten Schnittstelle. Dazu bieten sich an:

- Parallele Schnittstelle
- Serielle Schnittstelle
- USB

In den direkten Links zu den Erfindern finden Sie die genaue Erklärung der einzelnen Schaltungen.

1.4.1 Parallele Programmieradapter

Rolf Milde hat auf seiner Webseite einige sehr handliche und einfach aufgebaute Parallel-Programmieradapter vorgestellt. Seine Schaltungen sind auch mit den Vorgängern des STK500, dem STK200 und dem STK300, kompatibel. Man findet sie unter

http://rumil.de/hardware/avrisp.html

Scott-Falk Hühn erklärt auf seiner Webseite den wahrscheinlich einfachsten parallelen Programmieradapter. Er besteht lediglich aus zwei Widerständen und einem Schnittstellenstecker. Als Programmiersoftware hat er PonyProg2000 gewählt, ein beliebtes Tool unter AVR-Programmierern. Ferner stellt Herr Hühn auch einen seriellen Adapter vor und erklärt Schritt für Schritt dessen Anwendung unter http://s-huehn.de/elektronik/avr-prog/avr-prog.htm.

1.4.2 Serielle Programmieradapter

Das STK500 ist über die serielle Schnittstelle mit dem PC verbunden und wird daher auch seriell programmiert. Diese Vorgangsweise hat sich etabliert und wird auch direkt vom AVR-Studio unterstützt. Aus diesem Grund sind die meisten seriellen Programmieradapter kompatibel zum STK500.

Empfehlenswert ist die Schaltung Evertool (http://www.siwawi.arubi.uni-kl.de/avr_projects/evertool/). Dabei handelt es sich um ein Programmiergerät und einen Debugger, kombiniert in einer Schaltung. Das Evertool ist kompatibel mit dem AVRISP-/STK500-Protokoll, der inkludierte Debugger mit einem JTAGICE-/JTAG Debugger. Das bedeutet, dass man dieses Gerät direkt mit dem AVR-Studio steuern und verwenden kann.

Es gibt eine modifizierte Version, bestellbar als Bausatz unter http://www.myevertool.de.

Auch das Projekt von Klaus Leidinger ist erwähnenswert. Es handelt sich hier um einen AVR910-kompatiblen, seriellen Programmieradapter. Ebenfalls steuerbar vom AVR-Studio ist dieser Adapter eine preiswerte und einfache Lösung. http://www.klaus-leidinger.de/mp/Mikrocontroller/AVR-Prog/AVR-Programmer.html

1.4.3 USB-Programmieradapter

USBprog

Der USBprog ist die attraktivste aller hier vorgestellten Lösungen. Entwickelt von Benedikt Sauter ist dieser Programmieradapter kompatibel mit dem AVRISP mkII und somit auch direkt über das AVR-Studio steuerbar. Es gibt sowohl einen kompletten Bausatz (etwa 22 Euro) als auch einen bereits vormontieren Adapter (ca. 32 Euro). Wirklich interessant an diesem Projekt ist, dass die Firmware frei austauschbar und der Quelltext frei verfügbar sind. Man kann diesen USB-Adapter (ohne Hardwareanpassungen) derzeit mit folgender Firmware verwenden:

- AVR ISP 2 Klon
- OpenOCD Interface (ARM Debugging)
- Freier JTAG Adapter + Bibliothek
- AT89 Programmer
- SimplePort (10 I/O Leitungen)
- USB zu RS232 Wandler (ohne Treiber)
- JTAGICE mk2 Klon (in der Entwicklung)

Mehr Informationen erhalten Sie unter http://www.embedded-projects.net/.

USBisp

Matthias Weißer hat ein professionelles USB-Programmiergerät entwickelt. Es ist kompatibel mit dem AVR-Studio. Schaltung und Dokumentation dazu finden Sie auf seiner Webseite http://www.matwei.de/doku.php?id=de:elektronik:usbisp.

AvrUsb500

Guido Socher hat einen STK500 kompatiblen Programmieradapter entworfen, der unter Windows (AVR-Studio) und Linux (AVRDUDE) läuft. Die Schaltung ist auch als Bausatz unter http://www.tuxgraphics.org/electronics/200510/article05101.shtml erhältlich.

HVProg

Tobias Hammer hat das Evertool als Ausgangsentwurf für seinen Programmieradapter genommen. Herausgekommen ist ein USB-Adapter, der alle AVR-Controller unterstützt, kompatibel mit dem STK500, also steuerbar mit dem AVR-Studio ist, High-Voltage-Programming unterstützt und einfach aufgebaut werden kann. http://www.der-hammer.info/hvprog/index_en.htm

1.5 Programmiersoftware

Wenn Sie sich für ein Entwicklungsboard und/oder einen Programmieradapter entschieden haben, benötigen Sie noch eine entsprechende Programmiersoftware. Die meisten der oben vorgestellten Geräte sind bereits mit dem AVR-Studio kompatibel. Das ist natürlich eine große Erleichterung, da die meisten Entwickler damit arbeiten.

Es gibt eine Menge frei erhältlicher Software für die Programmierung (das „Flashen") der AVR-Controller. Die drei meist verwendeten Angebote sind:

- AVR-Studio, erhältlich über die ATMEL-Webseite www.atmel.com
- PonyProg2000. Eine ausführliche Erklärung dazu finden Sie hier unter http://www.mikrocontroller.net/articles/Pony-Prog_Tutorial. Die Software ist erhältlich unter http://www.lancos.com/ppwin95.html.
- AVRDUDE, Linux/Windows kompatibel, Open-Source, kommandozeilenbasiert und sehr beliebt. Details unter http://www.mikrocontroller.net/articles/AVRDUDE.

1.6 Entwicklungsumgebung (Windows)

Nachdem Sie die benötigte Hardware ausgewählt haben, beginnt die Auswahl und Konfiguration der Entwicklungsumgebung auf Ihrem PC. Das wohl populärste Programm, AVR-Studio, wird von ATMEL kostenlos vertrieben.

1.6.1 AVR-Studio

Sie finden die aktuellste Version auf http://www.atmel.com/avrstudio/.

In diesem Buch wird ausschließlich das AVR-Studio verwendet, da es sehr einfach zu bedienen ist, von ATMEL gewartet und betreut wird und darüber hinaus einen ausgezeichneten Simulator integriert hat.

Die Übersicht der Features:

- Ein Assembler und ein umfangreicher Simulator sind inkludiert
- Unterstützt die AVR-Entwicklungstools
  - ICE50, ICE40, JTAGICE mkII, JTAGICE, ICE200
  - STK500/501/502/503/504/505/520
  - AVRISP mkII und AVRISP
  - AVR Dragon

- Kompatibel mit
  - Microsoft® Windows Vista (32-bit)
  - Microsoft® Windows 9x/NT/2000/XP

1.6.2 Installation des AVR-Studios

Auf der beigelegten CD finden Sie eine komplette Version des AVR-Studios. Wenn Sie über Breitbandinternet verfügen, sollten Sie einen Blick auf die offizielle Seite von ATMEL werfen – möglicherweise ist schon eine neuere Version erhältlich (http://www.atmel.com/avrstudio/).

Wichtig: Bevor Sie das AVR-Studio installieren, müssen Sie die Installation des C-Compilers durchführen. Hier verwenden wir den frei erhältlichen Open-Source Compiler *AVRGCC*, der unter Windows den Namen *WinAVR* trägt. Sie finden das Installationsprogramm ebenfalls auf der beiliegenden CD oder im Internet unter http://winavr.sourceforge.net/.

Die Installationsdatei für WinAVR finden Sie auf der CD im Verzeichnis *Software\WinAVR*.

Starten Sie das Setup und lassen Sie alle Optionen auf den Standardwert eingestellt. Nach erfolgreicher Installation können Sie das AVR-Studio Setup starten. Dieses finden Sie auf der CD unter *Software\AVRStudio4*.

Auch hier können Sie alle Optionen unberührt lassen und eine einfache Standardinstallation durchführen.

1.6.3 Installation unter Microsoft® Windows Vista®

Sollten Sie bereits mit Windows Vista arbeiten, kann es mit der aktuellen Version des AVR-Studios noch zu Problemen kommen. Sie sollten daher auf jeden Fall versuchen, die aktuellste Version von der ATMEL-Webseite zu verwenden (http://www.atmel.com/avrstudio/).

Wenn mit dieser Version trotzdem Probleme auftreten, können Sie auch einen Blick in die „Beta-Abteilung" von ATMEL werfen. Dort finden Sie noch nicht offiziell veröffentlichte Versionen des AVR-Studios und entsprechende Patches für aktuelle Versionen. Diesen Bereich finden Sie unter http://www.atmel.no/beta_ware/.

Leider gibt es bei der aktuellen Version des AVR-Studios ein Problem mit Windows Vista (AVR-Studio „verschwindet" einfach beim Kompilieren). Aus diesem Grund finden Sie auf der beigelegten CD auch einen entsprechenden Patch. Sie installieren einfach alles wie oben erklärt, führen jedoch ganz am Schluss noch den Patch aus.

Diesen finden Sie auf der CD im Verzeichnis: *\Software\AVRStudio4\ServicePack1*. Mit diesem Patch müsste das beigelegte AVR-Studio auf allen Windows Versionen laufen.

1.7 Entwicklungsumgebung (Alternativen)

Es gibt natürlich auch Alternativen zum AVR-Studio:

1.7.1 WinAVR

WinAVR ist die Windows Distribution von AVRGCC, dem auf GNU basierenden Open-Source-AVR-C-Compiler. Mit WinAVR wird nicht nur ein Compiler geliefert, sondern auch ein Programmiereditor, eine Programmiersoftware für das „Flashen" und eine C-Standardbibliothek inklusive guter Dokumentation. Details und Informationen finden Sie unter http://winavr.sourceforge.net/.

Sie benötigen WinAVR zwar als C-Compiler für das AVR-Studio, können aber diese Distribution auch ohne AVR-Studio verwenden.

Sollten Sie an der Verwendung von WinAVR interessiert sein, empfiehlt sich das Tutorial von mikrocontroller.net. Mehr dazu unter http://www.mikrocontroller.net/articles/WinAVR.

1.7.2 myAVR Workpad PLUS/SiSy AVR

Das myAVR-Projekt ist sehr umfangreich und bietet daher auch eine eigene mächtige Entwicklungsumgebung an. Die Software ist zwar nicht kostenlos, jedoch preiswert (zwischen 14,95 und 99 Euro, je nach Version) erhältlich. Außerdem gibt es ein gut sortiertes Forum als Support dazu.

1.7.3 Bascom AVR

Die Firma MCS Electronics (http://www.mcselec.com) bietet einen BASIC-Compiler für den AVR an. Dieser Compiler hat sich zu einem beliebten Tool für Einsteiger und Profis entwickelt. Diese Software ist kostenpflichtig (ca. 79 bis 100 Euro), bringt jedoch eine Menge Support mit.

1.7.4 ATmega IDE 2007

Karsten Donat hat vor einiger Zeit mit der Entwicklung einer frei erhältlichen Entwicklungsumgebung begonnen, die laufend erweitert wird. Sie finden den Download unter http://www.karstendonat.de/AVR/. Diese IDE arbeitet mit dem WinAVR Compiler und der Open-Source-Software AVRDUDE als Programmer.

1.8 Entwicklungsumgebung (Linux/MacOS)

Durch die großartige Arbeit der aktiven AVR Linux Community ist es möglich, Software für den ATMEL AVR auch komplett unter Linux zu entwickeln. Eine Reihe von Tools macht dies möglich:

- *GNU BinUtils, GCC* und *AVR libc*
  - GNU BinUtils: http://sources.redhat.com/binutils/
  - GCC: http://gcc.gnu.org/
  - AVR libc: http://savannah.gnu.org/projects/avr-libc/
  - Entweder sind diese Tools direkt in der Distribution enthalten, oder unter dem Namen CDK4AVR erhältlich: http://cdk4avr.sourceforge.net/
- *UISP*
  - Software zum „Flashen" von Code in den Mikrocontroller
  - Unterstützt eine Vielzahl von ISP-Programmiergeräten
  - Erhältlich unter: http://savannah.gnu.org/projects/uisp/
- *AVRDUDE*
  - Die beliebteste Programmiersoftware für den AVR unter Linux (auch erhältlich für Windows)
  - Aktuelle Version: http://savannah.nongnu.org/projects/avrdude/
- *GDB*
  - GNU-Debugger
  - Zu finden unter: http://sources.redhat.com/gdb/
- *SimulAVR*
  - AVR 8-Bit-Simulator
  - Webseite: http://savannah.gnu.org/projects/simulavr/
- *AVaRICE*
  - Verbindet den GNU-Debugger GDB mit dem AVR JTAG ICE
  - Erhältlich unter: http://avarice.sourceforge.net/

Weitere Informationen zur Installation der kompletten GNU-Tool-Chain (Entwicklungsumgebung) finden Sie unter http://www.nongnu.org/avr-libc/user-manual/install_tools.html. Umfangreiche Erklärungen in Deutsch unter http://www.mikrocontroller.net/articles/AVR-GCC und http://www.home.unix-ag.org/tjabo/avr/artikel07.html.

Eine weitere durchaus brauchbare Software trägt den Namen *KontrollerLab* und ist noch ein sehr junges Open-Source-Projekt. Die Applikation wird von einer Entwicklergemeinde laufend erweitert. Das Projekt nähert sich an das AVR-Studio an, auch ein Debugger wurde bereits in eine Testversion integriert. Wenn Sie ausschließlich unter Linux arbeiten, sollten Sie sich dieses Projekt ansehen. Sie können die Software unter http://www.cadmaniac.org/projectMain.php?projectName=kontrollerlab herunterladen.

1.9 Einrichten des STK500

Im folgenden Abschnitt finden Sie Informationen zur Konfiguration des STK500 für die Programmierung und Kommunikation mit dem PC. Wenn Sie das STK500 oder ein kompatibles Entwicklungsboard besitzen, sollten Ihnen die folgenden Schritte zu einem erfolgreichen Start verhelfen.

1.9.1 Ausgangskonfiguration des STK500

Am Anfang ist es erforderlich, eine Verbindung des ISP(In-System-Programming)-Steckers mit dem zugehörigen Programmiersockel des Mikrocontrollers herzustellen. Die Grafik (Abb. 1.6) zeigt einen 6-poligen Stecker mit der Bezeichnung „6-Pin-ISP-Header".

Dorthin schickt das AVR-Studio die zu programmierenden Daten. Die Daten müssen dann von diesem Stecker zum richtigen Sockel geleitet werden, da Sie ja verschiedene Typen der AVR-Serie in die unterschiedlich großen Sockel einsetzen können. Sie finden dazu eine Tabelle im User Manual des STK500 (S. 3–10).

Für den ATmega8, AT90S2333, AT90S4433 verbinden Sie diesen „ISP-Header" mit den 6 Pins des Steckers *SPROG2 (Grün)*. Wenn Sie den ATmega16 verwenden, muss diese Verbindung zum Stecker *SPROG3 (Rot)* gehen.

Mit dieser Verbindung haben Sie das Wesentliche bereits erledigt. Die Jumper auf dem STK500 befinden sich in einer brauchbaren Konfiguration im Auslieferzustand (mehr dazu im User Manual des STK500 auf der Buch CD).

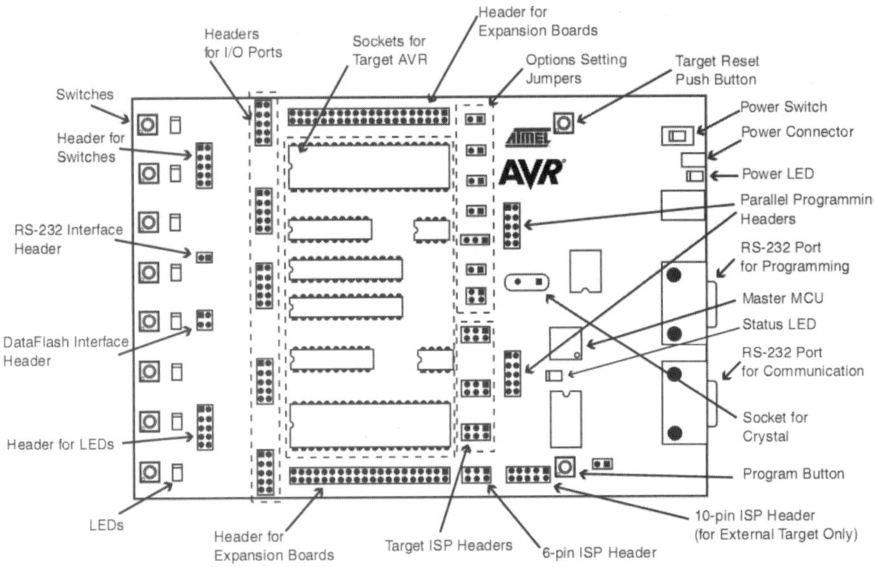

Abb. 1.6: Die Übersichtsgrafik aus dem STK500 User Manual beschreibt die einzelnen Komponenten des Boards.

1.9.2 Die serielle Schnittstelle

Wenn Sie die serielle Schnittstelle zur Kommunikation von Ihrem Mikrocontroller mit einem PC oder einem anderen Controller verwenden wollen, müssen Sie dazu ein bestimmtes Kabel stecken. Sie finden am unteren Ende des STK500 (bei den acht roten Tasten) eine 2-polige Stiftleiste mit der Bezeichnung *RS232 SPARE*. Links und rechts neben den beiden Pins steht *RXD* und *TXD*. Sie müssen von hier aus ein Kabel stecken, das mit den entsprechenden RXD- und TXD-Pins des verwendeten Mikrocontrollers verbunden ist.

Wenn Sie z. B. den ATmega8 verwenden, finden sich der RXD-Pin auf PORTD.0 und der TXD-Pin auf PORTD.1. Diese Information bekommen Sie aus den ersten Seiten des Datenblatts (siehe Abb. 1.7).

Sie müssen daher mit einem 2-poligen Kabel die Pins RXD und TXD von der Stiftleiste *RS232 SPARE* mit den Pins PD0 und PD1 von der Stiftleiste *PORTD* verbinden.

Wichtig:
Dies bewirkt die Verbindung des Mikrocontrollers mit der seriellen RS232 SPARE-Buchse an der Frontseite des STK500. Ohne diesen Schritt werden Sie keine serielle Kommunikation zustande bringen.

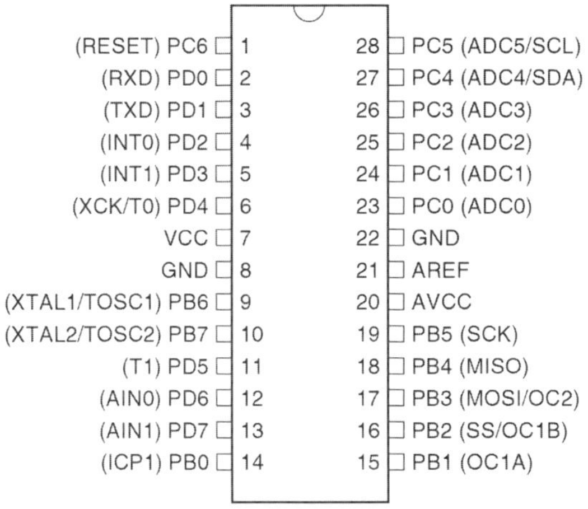

Abb. 1.7: ATmega8-Pinbelegung

1.9.3 Verbindung mit dem PC

Um das STK500 mit dem PC zu verbinden, benötigen Sie ein normales, serielles Kabel. Dieses stecken Sie am STK500 in die Buchse mit der Bezeichnung *RS232 CTRL*. Sie ist für die Kommunikation des STK500 mit dem AVR-Studio reserviert und kann daher nicht für Ihre eigenen Programme verwendet werden. Dazu gibt es die zweite serielle Buchse.

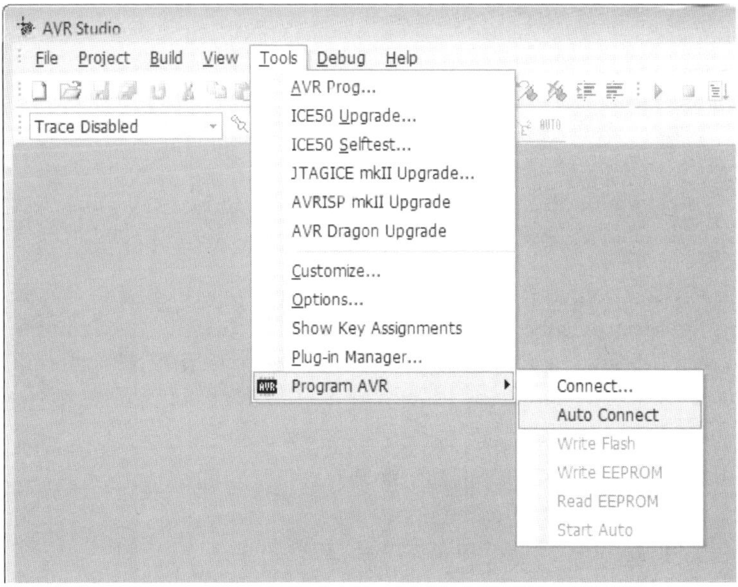

Abb. 1.8: Verbindung mit dem STK500 herstellen

Nachdem Sie den Mikrocontroller in den entsprechenden Sockel gesetzt, das serielle Kabel (RS232 CTRL) mit dem PC verbunden und die Stromversorgung für das STK500 eingeschaltet haben, können Sie die Verbindung mit dem PC herstellen.

Dazu starten Sie das AVR-Studio. Klicken Sie sich am *Welcome-to-AVR-Studio-4-*Dialog vorbei mit der Taste *Cancel.* Nun suchen Sie im Menü den Eintrag *Tools.* Dort finden Sie ein Untermenü mit dem Namen *Program AVR.* In diesem Menü klicken Sie auf den Eintrag *Auto Connect.*

Nun müsste nach ein paar Sekunden folgendes kleines Fenster erscheinen:

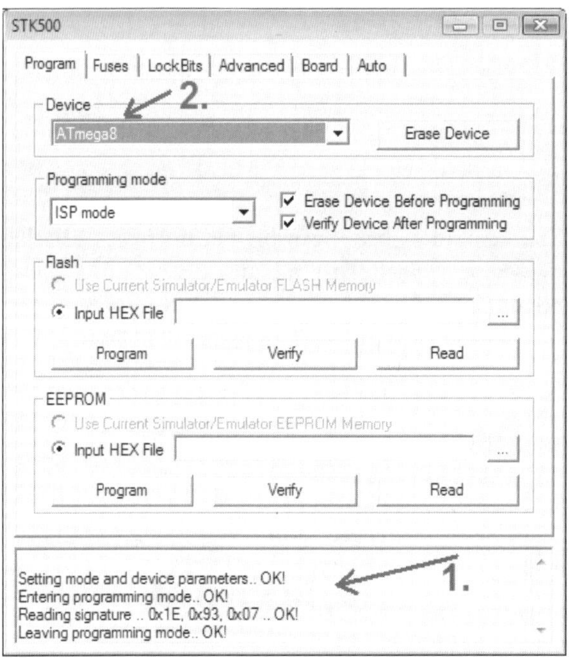

Abb. 1.9: STK500-Dialog

Passiert das nicht oder sieht Ihr Fenster anders aus (Titelzeile vielleicht *Connect failed*), stoppen Sie hier und überprüfen noch einmal die Ausgangskonfiguration des STK500. Das AVR-Studio konnte dann nämlich an keinem seriellen Port des PC das STK500 erkennen. Folgende Punkte sollten Sie dann überprüfen:

- Ist das STK500 mit Strom versorgt?
- Ist das serielle Kabel am STK500 mit der Buchse *RS232 CTRL* und am PC mit einem freien, seriellen Port verbunden?
- Ist das STK500 eingeschaltet? Sie finden einen Stromschalter direkt neben dem Anschluss für die Stromversorgung. Daneben ist ein kleines Licht, das im eingeschalteten Zustand rot leuchten sollte.

- Sie finden noch zwei weitere LEDs auf dem STK500, die grün leuchten sollten. Wenn Sie das nicht tun, könnte die Firmware des STK500 beschädigt sein. Ist dies der Fall, schalten Sie das STK500 aus und drücken den Schalter *PROGRAM* während Sie das Board wieder einschalten. Danach wechseln Sie ins Installationsverzeichnis des AVR-Studios, dort in das Unterverzeichnis *STK500*. Beispiel: *Program Files\Atmel\AVR Tools\STK500*. Dort starten Sie dann die Datei *Upgrade*.exe. Nun müsste die Applikation Ihr STK500 wieder in den Auslieferungszustand befördern. Nach einer Weile ist die Firmware wieder intakt. Schalten Sie das Board danach aus und wieder ein – die zwei LEDs sollten nun grün leuchten.
- Unter Umständen belegt ein anderes Programm den seriellen Port, den Sie für die Kommunikation mit dem STK500 verwenden möchten. Versuchen Sie daher einen anderen Port, wenn einer zur Verfügung steht. Und schließen Sie alle Programme, die möglicherweise auf die serielle Schnittstelle zugreifen (Terminalprogramme, Handy-Software, PDA-Kommunikationssoftware etc.)

Wenn Sie den Fehler nicht finden können, versuchen Sie es noch einmal Schritt für Schritt mit dem Manual des STK500. Ansonsten hilft Ihnen auf jeden Fall das Internet weiter. Ein Blick auf http://www.avrbuch.de wird Ihnen möglicherweise die Lösung bringen.

1.9.4 Flashen mit dem AVR-Studio

Wenn Sie das oben gezeigte Fenster sehen, hat das AVR-Studio die Kommunikation mit dem STK500 erfolgreich aufbauen können. Sie müssen nun im aktiven Dialog noch Ihr AVR-Modell auswählen, z. B. *ATmega8* (siehe Pfeil 2 in der Grafik). Anschließend können Sie zum Test einmal den Mikrocontroller löschen, dazu einfach die Taste *Erase Device* betätigen. Im Statusfenster unten (siehe Pfeil 1) sollten Sie dann eine Erfolgsmeldung finden.

Als Nächstes müssen Sie noch die zu flashende HEX-Datei auswählen. Die entsprechenden Tasten finden Sie in der Mitte des Dialogs im Bereich *Flash*. Wählen Sie hier mithilfe der ... Taste eine HEX-Datei aus.

Abschließend können Sie diese HEX-Datei mit der Taste *Program* in den Mikrocontroller flashen.

Die anderen Einstellungen dieses Dialogs können Sie in den meisten Fällen unberührt lassen. Wichtig sind die Häkchen bei *Programming Mode*. Diese sollten immer beide angeklickt sein.

1.9.5 Funktionstest des kompletten Setups

Sie haben alle wichtigen Schritte erledigt. Nun müssen Sie noch einen finalen Funktionstest ausführen. Erst dann können Sie sicher sein, dass Ihre Entwicklungseinrichtung einwandfrei funktioniert. Vorher sollten Sie mit dem Entwickeln und Experimentieren nicht beginnen.

Wichtig: Verbinden Sie die 8 Pins von PORTB mit den 8 Pins der LED-Reihe. Diese beiden Stecker befinden sich am unteren Ende des STK500 (in der Nähe der LEDs) und liegen sehr dicht nebeneinander. Zur Verbindung können Sie eines der mitgelieferten 8-poligen Kabel verwenden. Der Funktionstest ändert den Zustand an PORTB und diese wiederkehrende Änderung sollte an der LED-Reihe durch ein Blinken erkennbar sein.

Auf der beigelegten CD-ROM finden Sie eine fertig kompilierte HEX-Datei für den Funktionstest. Dazu wechseln Sie in das Verzeichnis *\Funktionstest*. Dort befinden sich einige Dateien mit den Namen bestimmter AVR-Modelle. Wählen Sie die Datei mit dem Modell aus, das Sie verwenden, und flashen Sie diese mit dem AVR-Studio und dem STK500 in den Mikrocontroller. Dabei sollten Sie unbedingt folgende Vorgangsweise einhalten:

- Der Mikrocontroller muss sich im STK500 befinden.
- Der ISP-Header-Stecker muss korrekt verbunden sein.
- PORTB muss komplett mit der LED-Reihe verbunden sein.
- Ein serielles Kabel zwischen PC und STK500 muss angesteckt sein.
- Das STK500 einschalten.
- Erst jetzt AVR-Studio starten.
- Die Verbindung mit dem STK500 aufbauen (wie oben beschrieben).
- Im Dialog das entsprechende AVR-Modell auswählen.
- Jetzt die dazugehörige HEX-Datei von der CD-ROM auswählen.
- Die Taste *Erase Device* betätigen und die Statusmeldungen prüfen.
- Wenn alles OK ist, die Taste *PROGRAM* betätigen.

Wenige Sekunden später sollten die LEDs auf dem STK500 in einem schnellen Intervall blinken. Wenn das nicht der Fall ist, setzen Sie Ihr ganzes Equipment in den Auslieferzustand zurück und versuchen den vorher beschriebenen Ablauf noch einmal von Neuem. Man übersieht hier sehr leicht einen Schritt.

Sollte trotzdem alle Mühe vergeblich sein, versuchen Sie am besten eine Lösung im Internet zu finden. Ein guter Startpunkt dafür wäre http://www.avrbuch.de.

1.10 Einrichten des myAVR-Boards

Sollten Sie sich für das myAVR-Board (www.myavr.de) entschieden haben, finden Sie auf der beigelegten CD ebenfalls einen Funktionstest dazu.

1.10.1 Ausgangskonfiguration des myAVR-Boards

Das Board ist im Lieferzustand bereits voll verwendbar. Sie müssen für die Programmierung keine weiteren Anpassungen vornehmen. Für unseren Funktionstest benötigen wir jedoch eine einzige Drahtverbindung, die Sie mit den mitgelieferten Kabeln ganz einfach stecken können. Das sieht dann so aus:

Abb. 1.10: Steckverbindung für Funktionstest

Sie müssen also nur PortB.0 mit dem *LED-Grün* verbinden. Mehr ist für den Funktionstest nicht notwendig.

1.10.2 Flashen des Funktionstests

Um den Funktionstest in den Mikrocontroller zu flashen, müssen Sie beim myAVR-Board etwas anders vorgehen als beim STK500. Folgen Sie dieser Anleitung einfach Schritt für Schritt:

1. MyAVR-Board mit dem PC verbinden.
2. AVR-Studio starten.
3. Im Menü: *Tools* den Eintrag *AVR Prog* auswählen.
4. Nun wird das angeschlossene myAVR-Board automatisch gesucht.

Es sollte folgender Dialog erscheinen:

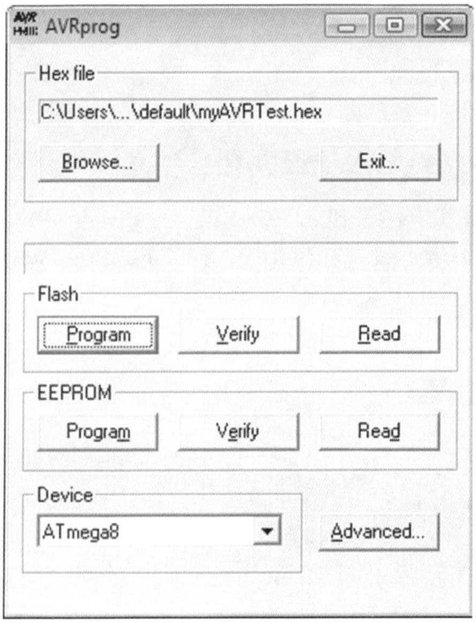

Abb. 1.11: Programmierung des myAVR-Boards

Mit den nun folgenden letzten Schritten können Sie das Testprogramm jetzt flashen:

1. Drücken Sie die Taste *Browse* und wählen Sie das HEX-File *\Funktionstest\myAVR_ATMEGA8.hex* von der CD.
2. Stellen Sie unten den richtigen Mikrocontroller ein. Im Auslieferungszustand ist dies der ATmega8.
3. Drücken Sie die Taste *Program* im Abschnitt *Flash.*

Ihr Programm ist nun geflasht.

Wenige Sekunden später sollte die grüne LED auf dem myAVR-Board schnell alternierend blinken. Tut es das, funktioniert Ihr Board einwandfrei.

Hinweis: Sie finden auf der beigelegten CD alle notwendigen Dokumente zur Verwendung des myAVR-Boards.

1.10.3 Support über myAVR.de

Ein Blick auf www.myavr.de lohnt sich. Sie finden dort zahlreiche Beispiele für den einfachen Einstieg in die Entwicklung am myAVR Board. Außerdem gibt es dort einen umfangreichen und kostenlosen Funktionstest zum Download.

Ein gut besuchtes Forum bietet großartigen Support und hilft auch bei komplexeren Problemen weiter. Der Hersteller des myAVR-Boards bietet auf seiner Webseite zusätzlich zahlreiche praxisorientierte Beispielprojekte und viele Schaltungen zum freien Download an.

1.11 Software-Entwicklung mit dem AVR-Studio

Die meisten AVR-Entwickler verwenden das AVR-Studio, das frei erhältlich über die ATMEL-Webseite zu beziehen ist. Es ist auch deswegen so beliebt, weil es über einen integrierten Debugger/Simulator verfügt. Standardfeatures wie Syntax-Highlighting, gute Integration des AVRGCC-Compilers und die Unterstützung von mkII, ICE40, ICE50, ICE200, AVR-Dragon und dem STK500 geben dem Produkt die notwendige Praxistauglichkeit.

1.11.1 Schritt für Schritt: Projekt erstellen

Nachdem Sie das AVR-Studio installiert haben, sehen Sie gleich nach dem Start einen Project Wizard. Drücken Sie dort die Taste *New Project*, erscheint eine Dialogbox, die etwa so aussehen kann:

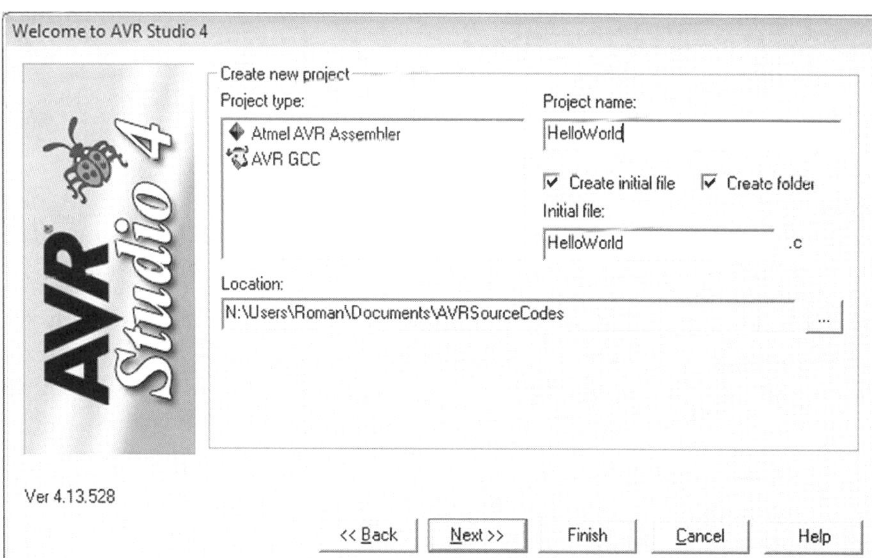

Abb. 1.12: Project Wizard

In dieser Eingabemaske müssen Sie zuerst den Projekttyp auswählen (Assembler- oder C-Projekt). Wählen Sie hier *AVR GCC*, um den C-Compiler zu verwenden. Nun müssen Sie im rechten Eingabefeld noch einen Projektnamen angeben. Wenn Sie möchten, können Sie den Speicherort Ihres Projekts noch ändern. Klicken Sie anschließend *Next*. Das folgende Bild erscheint:

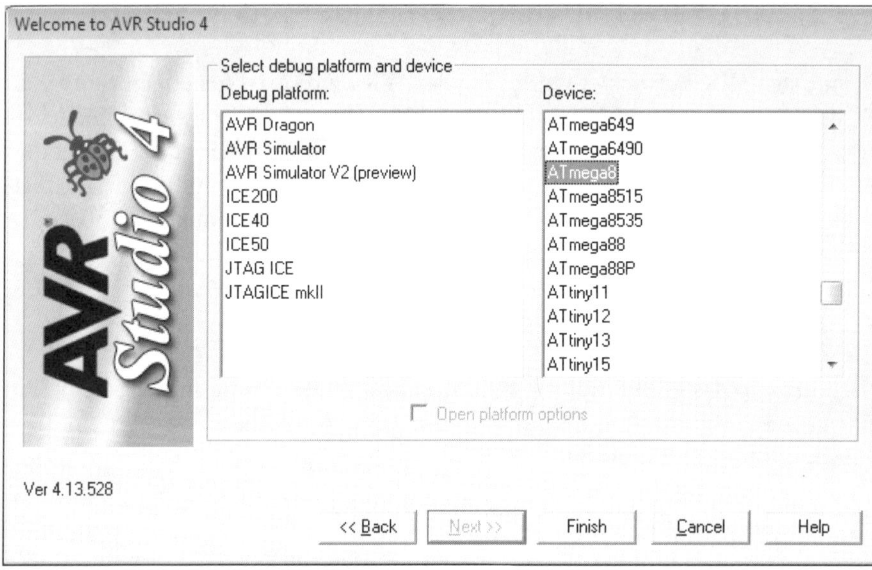

Abb. 1.13: Auswahl des Mikrocontrollers

Wenn Sie einen bestimmten Debugger wie etwa den AVR-Dragon oder das mkII verwenden, können Sie in diesem Dialogfeld die entsprechende Auswahl treffen. Die meisten Beispiele dieses Buchs können Sie mit dem AVR-Simulator testen.

Nachdem Sie hier einen Debugger/Simulator ausgewählt haben, müssen Sie abschließend das entsprechende AVR-Modell wählen. Finden Sie Ihr Modell nicht in der Liste, unterstützt der Simulator diese Variante noch nicht. Die meisten Modelle sollten hier jedoch geführt sein.

Haben Sie Ihre Auswahl getroffen, bleibt Ihnen nur noch der Klick auf die Taste *Finish*. Damit haben Sie den Project Wizard abgeschlossen und kurz darauf sollte sich Ihre Entwicklungsumgebung eingerichtet haben.

Ihr AVR-Studio könnte nun etwa so aussehen:

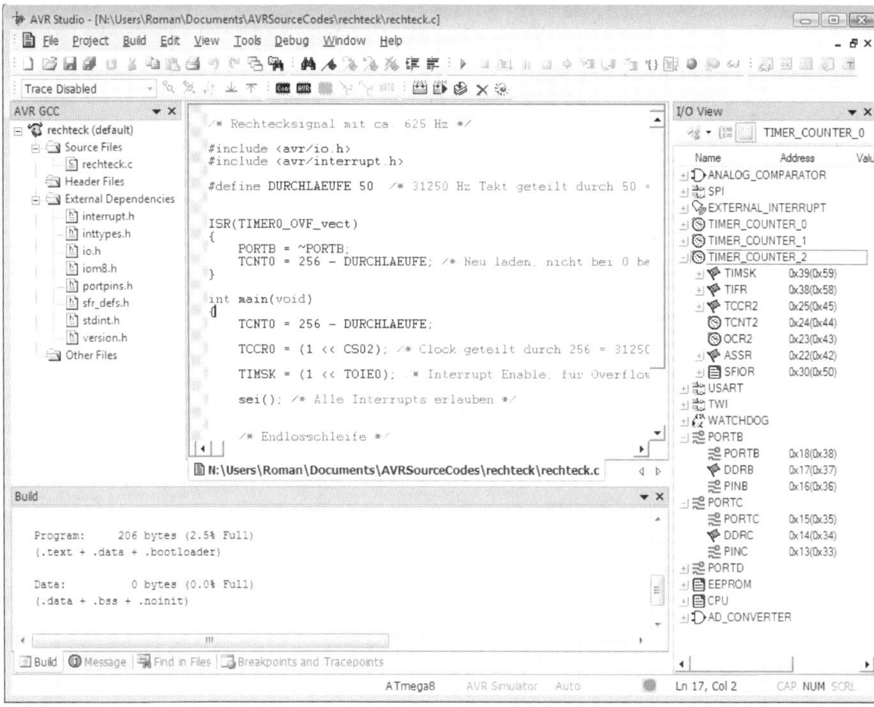

Abb. 1.14: AVR-Studio

Sie werden natürlich noch keinen Code sehen und unter Umständen sieht das eine oder andere Fenster etwas anders aus. Der Project Wizard hat für Sie das komplette Projekt angelegt und dabei automatisch auch einige zusätzliche Dateien für Sie vorbereitet. Darunter findet sich das Hauptprogramm, das zu diesem Zeitpunkt noch leer ist. Es trägt den Namen Ihres Projektes und hat die Endung „.c“. Ihr erstes Projekt ist somit erstellt.

1.11.2 Konfiguration des Projektes

Nachdem Sie Ihr Projekt erstellt haben, müssen Sie noch einige wenige Einstellungen vornehmen. Dazu gehen Sie im Menü auf *Project* und dann auf das Untermenü *Configuration Options*. Es sollte folgendes Fenster erscheinen (siehe Abb. 1.15).

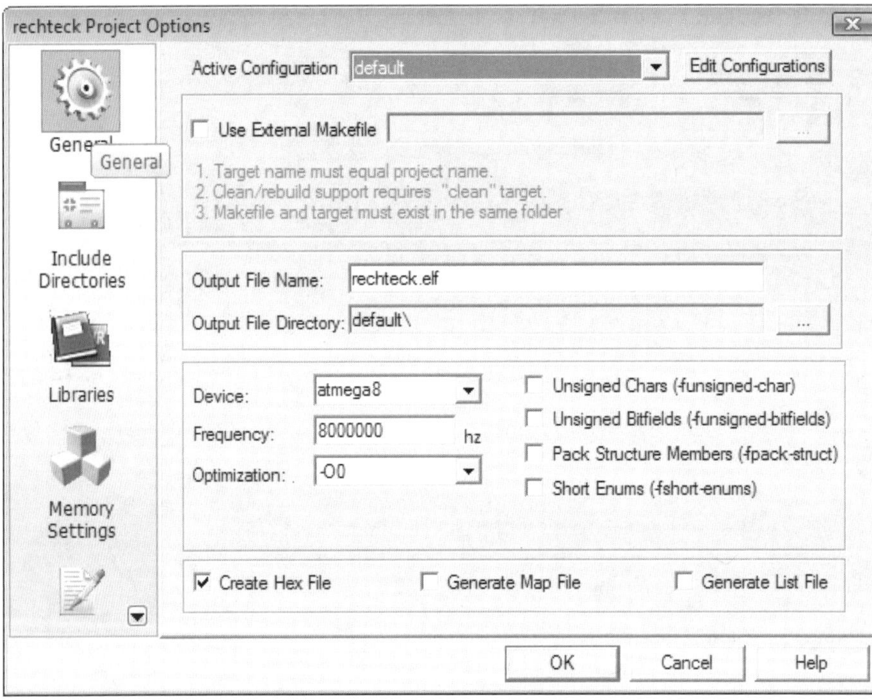

Abb. 1.15: Project Options

In diesem Dialog finden Sie links, vertikal angeordnet, eine Reihe von Konfigurationsmenüs. Je nachdem, welches Menü Sie hier auswählen, sehen Sie auf der rechten Seite die dazugehörigen Einstellungsmöglichkeiten.

Wir benötigen hier lediglich das erste Menü *General*. Dort gibt es drei Einstellungen, die wichtig sind:

- *Device:* Wählen Sie hier das AVR-Modell, das Sie verwenden.
- *Frequency:* Geben Sie hier die Taktfrequenz des Mikrocontrollers an. Diese Angabe wird in Hertz (Hz) gemacht und beträgt in der Standardkonfiguration des STK500 meist 3.680.000 Hz. Die Angabe der Taktfrequenz ist für viele zeitabhängige Routinen unbedingt notwendig, da der Compiler über den Hardwareaufbau schließlich nicht Bescheid weiß.
- *Optimization:* Normalerweise steht hier „-O0“, das bedeutet, dass der Compiler Ihren Code gar nicht optimieren wird. Sie sollten hier jedoch in den meisten Fällen auf die Einstellung „-Os“ wechseln. Mit dieser Einstellung optimiert der Compiler Ihren Code bestmöglich in Bezug auf die Größe. Das ist ein bekanntlich knappes Gut bei den meisten Mikrocontrollern.

Wichtig: Achten Sie vor allem auf die Einstellung *Optimization*. Der Unterschied zwischen „-O0“ und „-Os“ kann darin bestehen, dass Ihr Programm ohne Optimierung 85 % des Programmspeichers belegt und mit Optimierung auf 4,5 % schrumpft.

1.11.3 Kompilieren des ersten Programms

Um die einwandfreie Funktion des AVR-Studios zu testen, ist es an der Zeit, das erste Testprogramm zu kompilieren. Tippen Sie daher folgenden Quelltext in das Textfenster in der Mitte des AVR-Studios:

```
#include <avr/io.h>
int main(void)
{
        while (1)
        {
                PORTB = 0xFF;
                PORTB = 0x00;
        }
}
```

Speichern Sie das Projekt.

Mit der Taste F7, oder dem Menü Build und dort dem Untermenüpunkt Build kann das Projekt kompiliert werden. Sie sollten anschließend den Statusreport im unteren Fenster sehen. Dieser könnte etwa so aussehen:

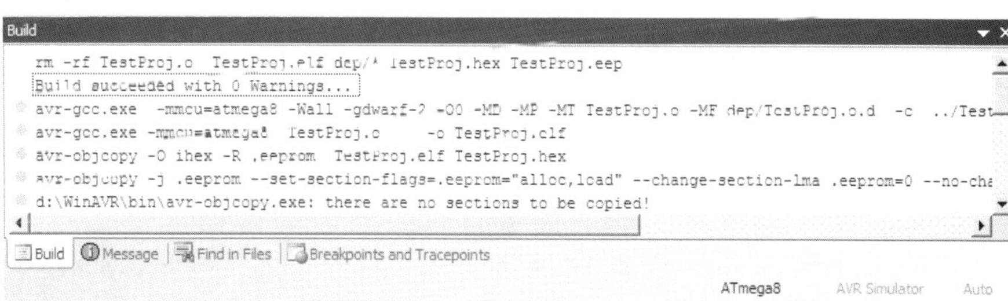

Abb. 1.16: Statusreport des Compilers

Achten Sie hier auf die Zeile: *Build succeeded with 0 Warnings...* Nur wenn diese Zeile erscheint, ist Ihr Projekt auch fehlerfrei kompiliert worden. Ein weiteres Zeichen dafür sind die grünen Punkte auf der linken Seite dieses Reports. Tauchen dort rote Punkte auf, ist ein Fehler aufgetreten.

Sollten Sie aus einer Fehlermeldung nicht schlau werden, empfiehlt sich die Suche über Google (www.google.com). Die meisten Fehler sind schon vorher einmal jemanden unterlaufen und oft finden Sie hier eine schnelle Lösung Ihres Problems.

Im Menü *Build* finden Sie weitere Unterpunkte, von denen Sie jedoch in den allermeisten Fällen nur den ersten, ebenfalls *Build*, benötigen.

1.11.4 Debugging: Die ersten Schritte mit dem AVR-Simulator

Mit dem integrierten AVR-Simulator steht Ihnen ein mächtiges Werkzeug zur Verfügung. Viele Fehler lassen sich im Simulator Schritt für Schritt aufdecken. Seine Funktion ist sehr umfangreich. Aus diesem Grund folgt hier nur eine kurze Einführung.

Nachdem Sie Ihr Programm kompiliert haben, können Sie den Simulator über das Menü *Debug* und anschließend dem Untermenü *Start Debugging* aktivieren. Es dauert nun einige Sekunden, bis der Simulator startbereit ist.

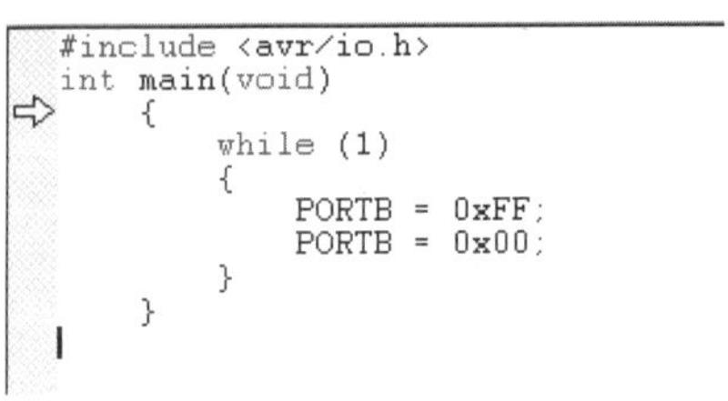

Abb. 1.17: Simulator

Sobald Sie einen gelben Pfeil links neben Ihren Programmzeilen erkennen, ist der Simulator bereit.

Zur Steuerung des Simulators können Sie diese Menüleiste verwenden:

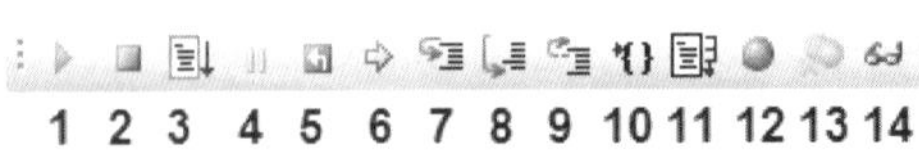

Abb. 1.18: Menüleiste des Simulators

Hier eine kurze Erklärung der einzelnen Icons:

1. *Start Debugging*: Das haben Sie bereits erledigt über das Hauptmenü.
2. *Stop Debugging*: Hier beenden Sie den Simulator wieder.
3. *Run*: Mit dieser Taste starten Sie das Programm, jedoch nicht im „Schritt-für-Schritt"-Modus, sondern frei laufend. Diese Ausführung macht nur dann Sinn, wenn Sie Breakpoints definiert haben. Mehr dazu später.
4. *Pause*: Hier pausieren Sie ein mit *Run* gestartetes Programm.
5. *Reset:* Setzt den Simulator zurück an den Start.

6. *Show Next Statement:* wird in diesem Buch nicht behandelt. Mehr dazu in der Hilfe des AVR-Studios.
7. *Step Into:* Schrittweise Ausführung des Programmcodes (siehe dazu den folgenden Absatz).
8. *Step Over:* Ähnlich der Taste *Step Into*, mehr Informationen weiter unten.
9. *Step Out:* wird im Rahmen dieses Buchs nicht behandelt.
10. *Run to Cursor:* Führt das Programm bis zu der Stelle aus, an der Sie aktuell den Cursor platziert haben.
11. *Auto-Step:* Ähnlich der Taste *Run*, zeigt hier jedoch jeden einzelnen Schritt im Simulator an.
12. *Toggle Breakpoint:* Setzt oder löscht einen Breakpoint in der aktuellen Zeile.
13. *Remove all Program Breakpoints:* Entfernt alle Breakpoints aus dem Programm.
14. *Quickwatch:* Schaltet das Fenster Quickwatch zur Überwachung von Variablen ein oder aus.

Im aktuellen Zustand wurde noch kein Programmcode ausgeführt. Mit den Tasten F11 (*Step Into*) und F10 (*Step Over*) können Sie nun Schritt für Schritt Ihr Programm ausführen lassen.

Der Unterschied zwischen *Step Into* und *Step Over* besteht darin, dass bei *Step Into* kein Programmabschnitt ausgelassen wird. Egal, wie viele Unterprogramme aufgerufen werden, der Simulator zeigt Ihnen jeden einzelnen Schritt an. Im Gegensatz dazu sehen Sie bei *Step Over* lediglich den aktuellen Programmblock. Wird eine Unterfunktion aufgerufen, führt der Simulator diese im Hintergrund komplett aus und kehrt dann wieder zurück in den aktuellen Programmblock. Dort bewegt er den Pfeil also über den Funktionsaufruf hinweg und springt zur nächstfolgenden Zeile. Die Funktion wurde also im Hintergrund ausgeführt und der Simulator hat diese Funktion still übersprungen (daher *Step Over*).

Wenn Sie das oben angeführte Testprogramm schrittweise ausführen, werden Sie nach kurzer Zeit bemerken, dass der Pfeil nach Zeile 8 wieder zurück zu Zeile 6 springt. Der Grund dafür ist die while-Schleife. Mehr dazu im entsprechenden Abschnitt zur C-Programmierung.

Ihr Programm läuft also „ewig“ in dieser Schleife. Das ist ein guter Anlass, um die Funktionen des Simulators ein wenig näher kennenzulernen.

Eine typische Simulationsumgebung könnte etwa so aussehen:

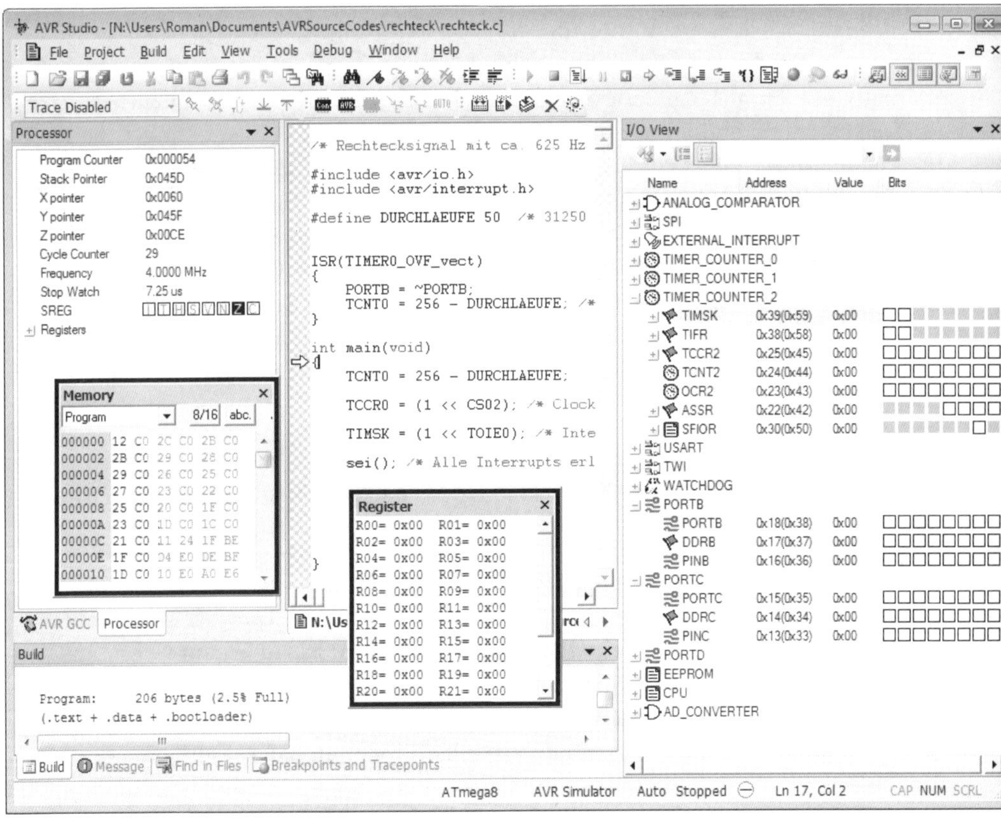

Abb. 1.19: Simulator im AVR-Studio

Das wichtigste Fenster finden Sie auf der rechten Seite. Es trägt den Namen *I/O View* und sieht aus wie es die Abbildung 1.20 zeigt.

Hierin finden Sie die wichtigsten Komponenten des Mikrocontrollers, wie etwa Timer/Counter, Ein- und Ausgabeports, Register, Interrupts, A/D-Wandler und vieles mehr.

Öffnen Sie hier mit dem Plus den Punkt *PORTB*. Sie sollten nun drei verschiedene Register sehen: *PORTB*, *DDRB* und *PINB*. Bei einem AVR-Mikrocontroller müssen Sie zuerst die Datenrichtung eines Ports festlegen – also ob Sie gerne Daten ausgeben oder einlesen möchten. Wenn Sie Daten einlesen wollen, können Sie dies durch das Ändern der Zustände des Registers *PINB* vortäuschen. Wenn Ihr Programm Daten ausgibt, sehen Sie direkt nach der Ausgabe die Zustandsänderung im Register

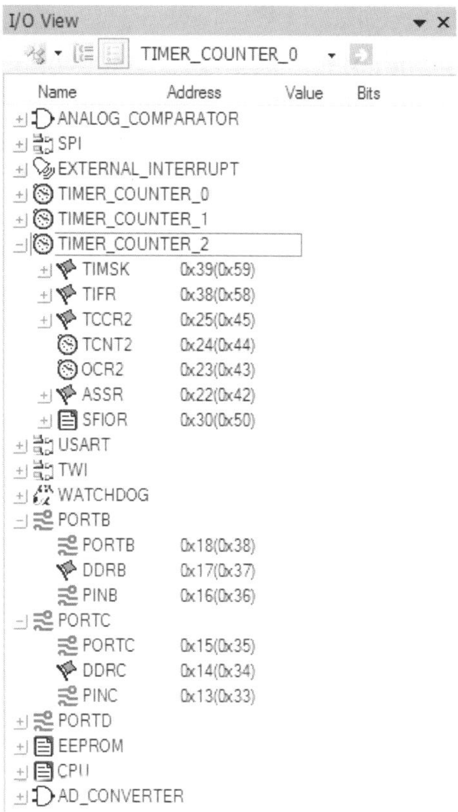

Abb. 1.20: I/O View

PORTB. Das Register *DDRB* zeigt immer die aktuelle Datenrichtung an, also *0xFF* für die volle 8-Bit-Ausgabe und *0x00* für einen 8-Bit-Eingang. Wenn Sie in diesem Register die einzelnen Bit-Zustände ändern, können Sie somit die Datenrichtung der Pins bestimmen.

Zum Ablauf: Normalerweise starten Sie den Simulator und „steppen" anschließend durch die einzelnen Programmcodezeilen. Mit jedem Schritt können sich die Zustände der verschiedenen Register ändern. Diese Änderungen sehen sie „live" in der I/O-View. Sie können den Ablauf des Programms beeinflussen, indem Sie während der Ausführung verschiedene Registerdaten ändern (und somit eine externe Hardware simulieren).

Wenn Sie das oben angeführte Testprogramm der Reihe nach ausführen, sollten Sie eine fortlaufende Zustandsänderung an PORTB sehen. Versuchen Sie es!

1.11.5 Debugging: Breakpoints

Das eben verwendete Testprogramm ist relativ klein gehalten. In der Praxis werden Sie wahrscheinlich größere Projekte durchführen. In einem umfangreichen Projekt kann es daher sehr mühsam sein, sich „step by step" durch den Code zu schlagen, um endlich an die vermutete Stelle zu gelangen. Aus diesem Grund gibt es sogenannte *Breakpoints.*

Ein Breakpoint ist eine bestimmte Stelle im Code, an der die Programmausführung (im Debugging-Modus) stoppt bzw. pausiert, sobald sie erreicht wird. Nehmen wir noch einmal das vorhin verwendete Testprogramm zur Veranschaulichung.

```
#include <avr/io.h>

int main(void)
{
    while (1)
    {
        PORTB = 0xFF;
●       PORTB = 0x00;
    }
}
```

Abb. 1.21: Breakpoint

Bewegen Sie im AVR-Studio den Cursor in die Zeile 8. Wenn Sie nun die Taste F9 drücken (oder im Menü *Debug* den Unterpunkt *Toggle Breakpoint* auswählen), sehen Sie einen markanten roten Punkt auf der linken Seite. Drücken Sie die Taste ein weiteres Mal, verschwindet der Breakpoint wieder. Das Setzen eines Breakpoints ist also sehr einfach. Starten Sie den Debugmodus, nachdem Sie einen Breakpoint gesetzt haben.

Wie üblich wird der Simulator vorbereitet, bleibt auf der ersten Codezeile stehen und wartet auf Ihre Befehle. Nun gehen Sie aber nicht Schritt für Schritt durch den Code, sondern drücken die Taste F5 (*Run*). Das Programm wird nun gestartet und solange ausgeführt, bis der Breakpoint erreicht ist. Dies geschieht im Testprogramm schon nach weniger als einer Sekunde.

Jetzt ist Ihr Programm pausiert und Sie können in aller Ruhe die Register überprüfen. Sie können von hier aus auch ganz normal weitersteppen. Man setzt einen Breakpoint oftmals vor eine kritische Stelle und geht dann Schritt für Schritt durch den zu prüfenden Code.

1.12 Software-Entwicklung mit dem CodeVision AVR C-Compiler

1.12.1 Überblick und Bezugsquellen

Obwohl das AVR-Studio frei erhältlich ist, einen Simulator besitzt und direkt von ATMEL angeboten wird, gibt es auch eine Reihe von sehr beliebten, kommerziellen Tools. Eine der wohl komfortabelsten Entwicklungsumgebungen ist der *CodeVision-AVR C-Compiler.* Diese Software wird von der Firma „HP InfoTech" vertrieben und zählt Unternehmen wie Boeing, DuPont, Intel Research Seattle oder auch die NASA zu seinen Kunden.

Hier ein Auszug aus den Features:

- Läuft auf allen Windows-Versionen (inkl. Windows Vista)
- Editor unterstützt *Syntaxhighlighting* und Auto-Indentation
- Schnelle Floating-Point-Bibliothek für die neuen ATmega Chips
- Zahlreiche Code-Optimierungsroutinen
- Unterstützt Inline-Assembler
- Kompatibel mit dem AVR-Studio Debugger (erzeugt Debugging-Code)
- Kompatibel mit ICE200, JTAG-ICE und anderen ATMEL-Emulatoren
- Unterstützt alle wesentlichen ATMEL AVR-Chips (es bestehen jedoch Unterschiede zwischen Light und Standard Edition)
- Bibliotheken für LCDs, I^2C, RTC, 1-Wire, SPI, Delays, BCD/Gray-Code, etc.
- Automatischer Programm-Erzeuger (CodeWizard) – sehr innovatives Tool zur Generierung von Quellcodes nach dem Einstellen der gewünschten Parameter (Timer-Zeiten, Portrichtungen, RS232 Parameter, etc.)
- Inkludiertes Terminal (RS232, RS422, RS485)
- Inkludierte Programmiersoftware (Chip Programmer) – STK500 und AVRISP kompatibel

Die Software ist in drei Versionen erhältlich:

- **Evaluation:** Demoversion mit allen Funktionen, Codegröße auf 2K begrenzt
- **Light:** Folgende Chips werden aktuell in dieser Version nicht unterstützt: ATmega, AT94K FPSLIC, AT90USB und AT43USB355
- **Standard:** Komplettversion, 1 Jahr Support & Updates

Preislich sind beide Tools moderat angesetzt (ca. 150 Euro für Standard, ca. 90 Euro für Light), also auch für den Hobbyentwickler noch erschwinglich. Die Evaluation-Version bekommen sie unter:

http://www.hpinfotech.ro/html/download.htm

Es ist empfehlenswert, direkt mit dem entsprechenden Distributor zu sprechen. Eine Liste der zuständigen Unternehmen finden sie unter: http://www.hpinfotech.ro/my_html/purchase.htm

1.12.2 Projekt erstellen

Nach dem Start von CodeVisionAVR treffen Sie zunächst auf eine leere Entwicklungsumgebung. Über den Menüpunkt *File\New* können Sie ein Projekt beginnen. Sie werden anschließend gefragt, ob Sie eine *Source-Datei* oder ein *Project* erstellen wollen. Nach dem Klick auf *Project* erscheint nun ein weiterer Dialog zur Entscheidung über die Verwendung des so genannten *CodeWizards*. Bestätigen Sie dies mit *Yes*. Es öffnet sich nun ein kleines Fenster:

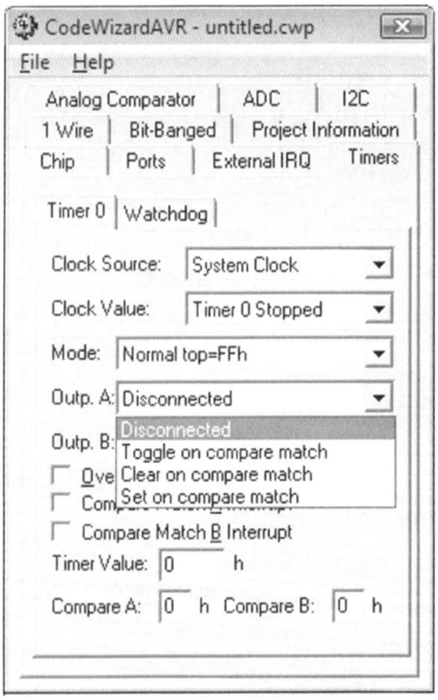

Abb. 1.22: Der CodeWizardAVR

Hinter diesem unscheinbaren Dialogfenster verbirgt sich der mächtigste Teil von CodeVisionAVR. Sie können mit diesem *Wizard* alle Komponenten und Parameter Ihres Projektes einfach konfigurieren. Abschließend wird daraus automatisch der entsprechende Quellcode erzeugt. Dies ist ein cleveres Feature – vor allem dann, wenn Sie bedenken, wie viel Zeit die Suche im Datenblatt ansonsten beanspruchen kann.

Normalerweise empfiehlt sich hier das Durcharbeiten der einzelnen Registerkarten, beginnend mit der Einstellung des Modells und der Taktfrequenz. Auf jeden Fall werden Sie die Registerkarten *Chip*, *Ports* und eventuell *Timers* benötigen. Haben Sie alle Einstellungen getroffen, dann können Sie nun den fertigen Code erstellen lassen. Dazu wählen Sie im Menü *File* den Punkt *Generate, Save and Exit.*

Nachdem Ihr Code generiert wurde, sollten Sie folgende Umgebung vorfinden:

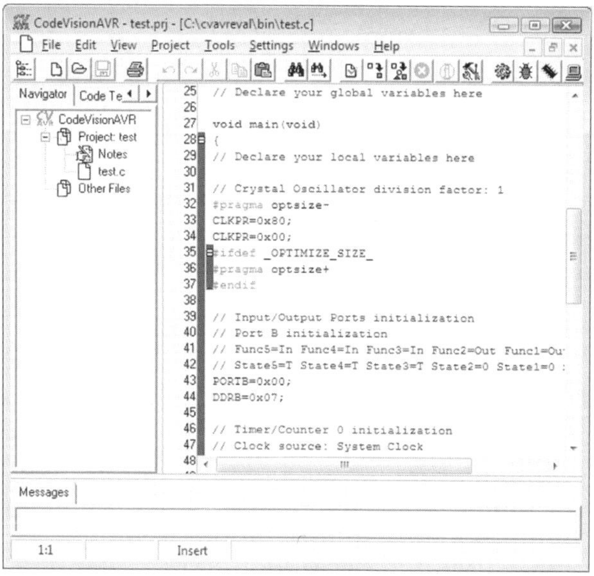

Abb. 1.23: CodeVision-AVR – Projektumgebung

1.12.3 Konfiguration der Entwicklungsumgebung

Bevor Sie mit der Entwicklung starten, empfehlen sich noch einige kleine Anpassungen der Entwicklungsumgebung. Allen voran die Möglichkeit, nach dem Compilieren die Datei gleich direkt in den Chip flashen zu können.

Wechseln Sie dazu in das Menü *Project\Configure*. Dort finden Sie einen Registerreiter mit der Bezeichnung *After Make*. In diesem Abschnitt sollten Sie ein Häkchen bei *Program the Chip* machen. Das sollte so aussehen:

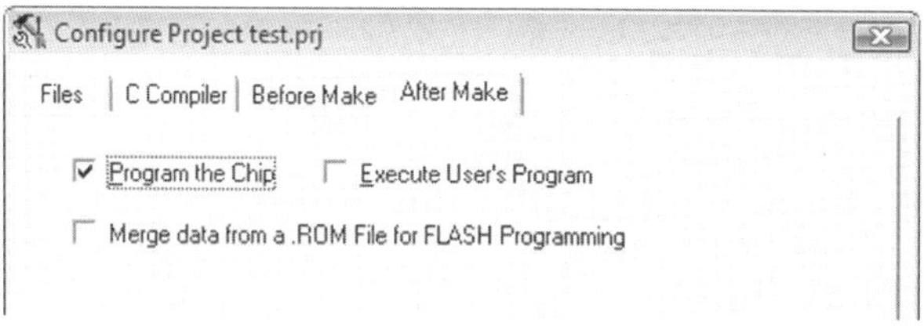

Abb. 1.24: Konfiguration der Entwicklungsumgebung

In der Registerkarte *C-Compiler* kann man nachträglich das Chip-Modell ändern oder auch die Taktfrequenz. Hier gibt es zusätzlich eine Einstellungsmöglichkeit mit der Bezeichnung *Optimize for*. Hiermit können Sie den Code entweder auf die Größe oder die Geschwindigkeit optimieren lassen.

Die weiteren Einstellungen können Sie im Normalfall unangetastet lassen.

1.12.4 Programmcode erstellen

Nachdem Sie mit dem CodeWizard Ihr erstes Projekt erzeugt haben, können Sie dieses ohne weitere Änderungen direkt kompilieren. Der ganze Initialisierungscode wurde automatisch erzeugt und ist lauffähig. Eine tolle Eigenschaft von CodeVisionAVR ist hier vor allem das automatische Erstellen von Kommentaren (bei Verwendung des CodeWizards). Ein Beispiel:

```
// Timer/Counter 0 initialization
// Clock source: System Clock
// Clock value: Timer 0 Stopped
// Mode: Normal top=FFh
// OC0A output: Disconnected
// OC0B output: Disconnected
TCCR0A=0x00;
TCCR0B=0x00;
TCNT0=0x00;
OCR0A=0x00;
OCR0B=0x00;
```

Abb. 1.25: Automatisch erzeugter Quellcode

Sie wissen somit immer, wie der Timer ursprünglich konfiguriert wurde (siehe Abbildung). Das ist vor allem dann sinnvoll, wenn Sie zu einem späteren Zeitpunkt eine schnelle Übersicht über die Initialisierung bekommen wollen. Die Zahlen alleine wären hier wenig aussagekräftig. Das eigentliche Hauptprogramm, bzw. die Hauptschleife finden Sie am Schluss des erzeugten Quelltextes.

Um nun das vollständige Programm zu kompilieren, drücken Sie die Tastenkombination *Shift* und *F9*. Sie können dies auch über das Hauptmenü *Project\Make* erledigen. **Achtung:** Der Menüpunkt *Compile* (bzw. die Taste F9) würde zwar den Quellcode kompilieren, aber nicht das komplette Projekt mit allen getätigten Einstellungen erzeugen. Sie sollten daher immer den Befehl *Make* verwenden.

Anschließend sollten Sie folgendes Fenster sehen:

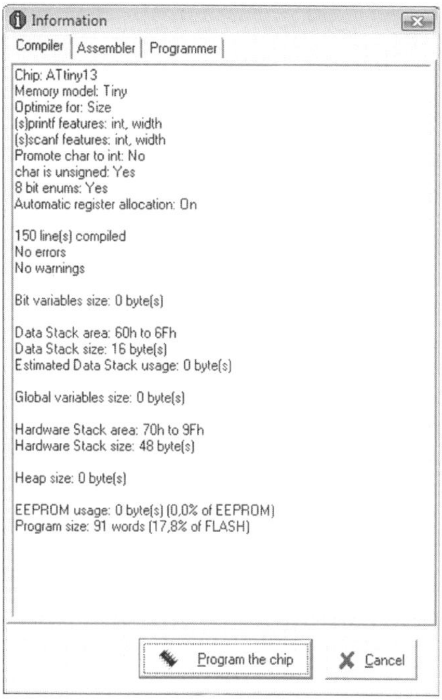

Abb. 1.26: Das Projekt wurde erstellt

Dabei zeigt sich nun auch die Auswirkung der vorhin erwähnten Konfiguration Ihrer Entwicklungsumgebung. Sie sehen hier eine Taste mit der Bezeichnung *Program the Chip*. Diese Taste wäre ohne die vorher empfohlenen Einstellungen nicht sichtbar. Das heißt, Sie können mit diesem Befehl direkt nach dem *Make* den fertig erzeugten Hex-Code in den Mikrocontroller flashen, was wiederum sehr praktisch ist.

Weiter finden Sie in diesem Dialogfenster den Bericht der Kompilierung. Wenn keine Fehler aufgetreten sind, dann sollten Sie die Zeilen *No Errors* und *No Warnings* sehen. Am Ende dieses Berichts findet sich auch eine kleine Übersicht zur Speichergröße Ihres Programms (Beispiel: 17% des vorhandenen FLASH-Speichers sind mit Ihrem Programm belegt).

1.12.5 CodeVisionAVR-Programmer

CodeVisionAVR verfügt über ein sehr ausgereiftes Werkzeug zum Flashen des Programmcodes in den Mikrocontroller. Dieses Tool funktioniert mit vielen verschiedenen Varianten von *Programmern*. Die Einstellung, welchen Hardware-Programmer Sie verwenden wollen, können Sie über das Menü *Settings\Programmer* erreichen.

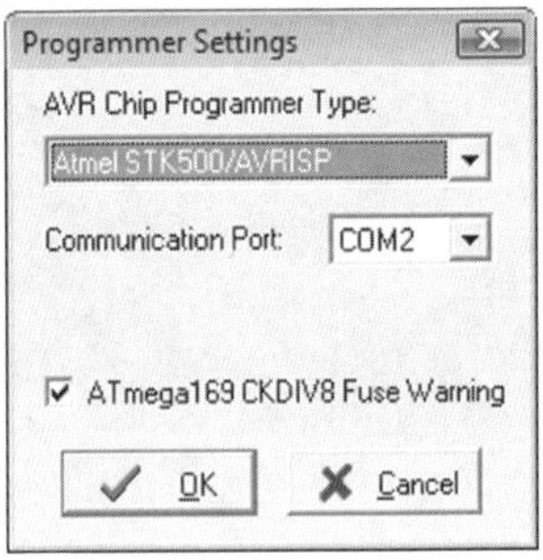

Abb. 1.27: Einstellung der Programmiersoftware

Den *Programmer* selbst erreichen Sie über das Menü *Tools\Chip Programmer.*

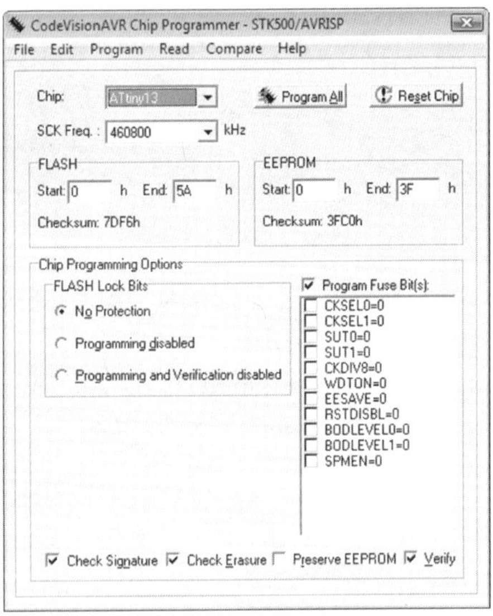

Abb. 1.28: CodeVisionAVR Chip-Programmer

Hier die Vorgehensweise, um Ihr Programm in den Controller zu flashen:

1. *File\Load FLASH* – Wählen Sie hier Ihre kompilierte HEX-Datei aus.
2. Wählen Sie anschließend das verwendete Chip-Modell.
3. *Program\Erase Chip* – Dieser Schritt wird empfohlen, da es manchmal zu Problemen beim Beschreiben des Controllers kommt, wenn er vorher nicht explizit gelöscht wird.
4. Drücken Sie die Taste *Program All.*

Achtung: Sollten Sie die Fuse-Bits verändern wollen, dann empfiehlt sich auch hier das vorherige Auslesen der aktuellen Konfiguration. Dies können Sie im Programmer über den Menüpunkt *Read\Fuse Bit(s)* erledigen.

1.13 AVR-Fuse-Bits

Wichtig: Ändern Sie die Fuse-Bits nur dann, wenn es für Ihre Anwendung unbedingt nötig ist. Normalweise müssen die Fuse-Bits nicht verändert werden (außer beim ATmega8 für den externen Taktgeber).

Eines der fehleranfälligsten Themen in der AVR-Entwicklung sind die berüchtigten Fuse-Bits (Eine interessante und ausführliche Erklärung dazu finden Sie auch im Internet unter http://www.wiki.elektronik-projekt.de/w/index.php/AVR_Fusebits_Tutorial#Die_Fusebits). Bei diesen Bits handelt es sich um *Konfigurationsbits.* Je nach Auslieferungszustand (und Modell) ist der Mikrocontroller in einer bestimmten Weise bereits vorkonfiguriert. Diese Standardeinstellung finden Sie im Datenblatt (und sollten sie Sie sich auch ansehen).

Vor allem beim ATmega8 empfiehlt sich ein Blick ins Datenblatt. Dieses Modell wird nämlich mit aktiviertem, internem Oszillator geliefert. Welchen Quarz Sie extern auch anschließen, der Controller wird seinen Betriebstakt nicht ändern. Das bereitet in den meisten Fällen jedem Anfänger ein gutes Stück Fehlersuche. Ihnen bleibt das jetzt hoffentlich erspart.

Zu Beginn die wichtigste Anmerkung zu den Fuse-Bits:

Ein Fuse-Bit **setzen** bedeutet, den *Wert 0* zu schreiben.
Ein Fuse-Bit **löschen** bedeutet, den *Wert 1* zu schreiben.

Hier passieren die meisten Fehler. Nachdem man sich endlich seine gewünschte Konfiguration aus Bits und Bytes zusammengestellt und in den Chip gebrannt hat, stellt man fest, dass nichts mehr läuft. In den häufigsten Fällen liegt es an der Verwechslung von 0 und 1. Es gibt zwei Konfigurationsbytes, nämlich ein *High-* und ein *Low-Byte.* Diese zwei Bytes enthalten folgende Bits:

High Byte:

- RSTDISBL
- WTDON
- SPIEN
- CKOPT
- EESAVE
- BOOTSZ1
- BOOTSZ0
- BOOTRST

Low Byte:

- BODLEVEL
- BODEN

- SUT1
- SUT0
- CKSEL3
- CKSEL2
- CKSEL1
- CKSEL0

Jedes dieser Bits hat eine besondere Bedeutung, wie auch der abgekürzte Name schon vermuten lässt. Welche Werte diese Bits nun bekommen sollen, können Sie auf verschiedene Weise herausfinden:

1. Mit dem AVR-Fuse-Calculator
2. Mit dem AVR-Studio
3. Mit dem Datenblatt

1.13.1 AVR-Fuse-Calculator

Der AVR-Fuse-Calculator ist ein frei verwendbares Online-Projekt von Mark Hämmerling, zu finden unter http://palmavr.sourceforge.net/cgi-bin/fc.cgi. Dort müssen Sie zuerst Ihr Chip-Modell auswählen:

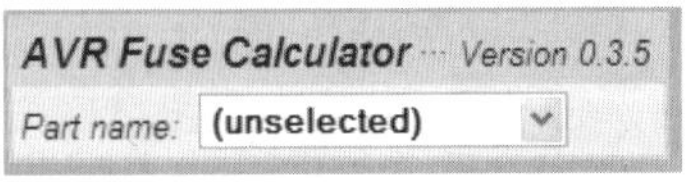

Abb. 1.29: Auswahl des Modells

Anschließend sehen Sie das Fenster zur Einstellung der einzelnen Konfigurationsbits:

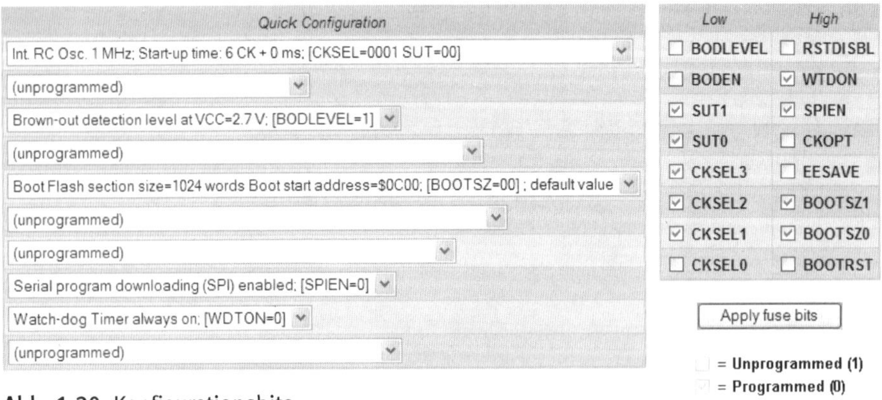

Abb. 1.30: Konfigurationsbits

In der ersten Auswahlbox finden Sie bereits eine Fülle von Konfigurationsmöglichkeiten. Es handelt sich hier um die Auswahl der Taktquelle. Der ATmega8 kommt mit einem voreingestellten, internen Oszillator. In der Box steht dazu:

Int. RC Osc. 1 MHz, Start-up time: 6 CK + 64ms
[CKSEL=0001 SUT=10]; default value

Um einen externen Quarz als Taktgeber zu verwenden, wählen Sie hier bitte:

Ext. Crystal/Resonator High Freq.; Start-up time: 16K CK + 64ms;
[CKSEL=1111 SUT=11]

Gerade bei dieser Einstellung passiert oft der Fehler: Programmiert man statt „1111“ etwa „0000“, lässt sich der ATmega8 nicht mehr ansprechen. Je nach Programmiersoftware muss klar sein, wie man das Fuse setzt („0“) und wie man es wieder löscht („1“).

Nachdem Sie nun also Ihre Einstellungen im linken Bereich erledigt haben, sehen Sie rechts den entsprechenden Konfigurationsstatus der Fuse-Bits (Low und High). Ein gesetztes Häkchen bedeutet: Dieses Fuse-Bit muss programmiert werden (siehe Legende darunter).

Wie Sie nun die einzelnen Fuse-Bits programmieren können, wird anschließend erklärt. Vorerst noch einige Informationen zur richtigen Konfiguration mit dem AVR-Studio.

1.13.2 Fuse-Bits im AVR-Studio

Um im AVR-Studio in die Fuse-Bit-Konfiguration zu gelangen, müssen Sie Ihr Entwicklungsboard mit dem PC verbinden und starten. Anschließend finden Sie im Menü den Punkt *Tools\Program AVR\Auto Connect*. Nun sollte das Board erkannt werden und ein Dialogfenster erscheinen (Das sollte derselbe Dialog sein, den Sie bereits beim „Flashen“ mit dem AVR-Studio gesehen haben). Klicken Sie hier auf den Registerreiter *Fuses*.

In der nun sichtbaren Liste finden Sie alle möglichen Fuse-Bit-Einstellungen (ähnlich wie AVR Fuse Calculator). Das AVR-Studio ist hier sehr einfach zu bedienen: Ein Häkchen bedeutet „programmiert“, kein Häkchen bedeutet „nicht programmiert“.

Wichtig: Bevor Sie im AVR-Studio Häkchen setzen, empfiehlt es sich immer, die aktuellen Einstellungen vom Chip zu lesen. Drücken Sie dazu die Taste *Read*. Nun enthält die Liste die aktuelle Konfiguration des Mikrocontrollers und Sie brauchen sich nur noch auf Ihre gewünschten Änderungen zu konzentrieren.

Nachdem Sie die Fuse-Bits gesetzt haben, drücken Sie die Taste *Program* und das AVR-Studio kümmert sich um den Rest.

1.13.3 Fuse-Bits in PonyProg2000

Sollten Sie einen speziellen Programmieradapter verwenden, also nicht das STK500 oder ein kompatibles Board, empfiehlt sich die Software *PonyProg2000* zur Änderung der Fuse-Bits. Dieses Programm ist frei erhältlich unter http://www.lancos.com/ppwin95.html. Sie finden die aktuellste Version ebenfalls auf der beigelegten CD im Verzeichnis *Software\PonyProg2000*. Hinweise zur Anwendung von PonyProg2000 finden Sie im Internet unter http://www.mikrocontroller.net/articles/Pony-Prog_Tutorial. Der Fuse-Bit Dialog von PonyProg2000 sieht folgendermaßen aus:

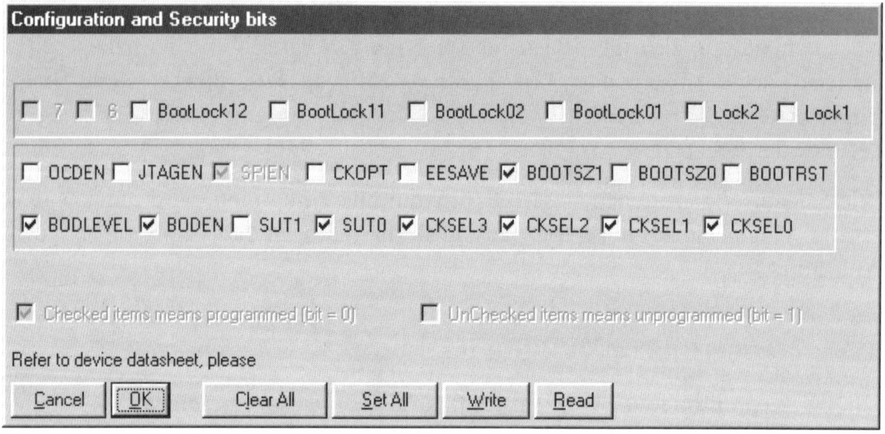

Abb. 1.31: Fuse-Bits in PonyProg2000

Achten Sie auch hier unbedingt darauf, wie PonyProg die Fuse-Bits programmiert. Ein gesetztes Häkchen bedeutet „programmiert", also „0".

Nachdem Sie z. B. mit dem AVR Fuse Calculator die richtigen Konfigurationsbits bzw. das High- und Low-Byte festgelegt haben, können Sie diese mit PonyProg2000 programmieren.

PonyProg2000 ist vor allem dann geeignet, wenn Sie kein STK500-kompatibles Board verwenden. Unter diesem Link http://www.mikrocontroller.net/articles/Pony-Prog_Tutorial finden Sie einfache Schaltpläne für Programmieradapter, die mit PonyProg2000 kompatibel sind.

1.13.4 Finger weg von ...

... den folgenden Bits:

- **SPIEN**
  Kann nur mit High-Voltage-Programming verändert werden. Wird dieses Fuse-Bit gelöscht, steht kein ISP-Zugriff mehr zur Verfügung. Sie können den Mikrocontroller dann also nicht mehr programmieren.
- **DWEN**
  Kann ebenfalls nur im High-Voltage-Programming-Modus verändert werden. Mit dem Setzen dieses Fuse-Bits wird die Debugwire-Schnittstelle aktiviert. Gleichzeitig wird das Low-Voltage-Programming (ISP) deaktiviert.
- **RSTDISBL**
  Ist dieses Fuse-Bit gesetzt, wird der Reset-Pin in einen I/O-Pin umgewandelt. Dies führt automatisch dazu, dass kein ISP-Programmieradapter mehr funktioniert. Das Rücksetzen dieses Bits ist ebenfalls nur mit einem High-Voltage-Programmer möglich.

1.13.5 Falsches Fuse-Bit gesetzt?

Falls es Ihnen nun doch passiert ist, dass Sie versehentlich ein falsches Fuse-Bit verändert haben, kann die folgende Checkliste weiterhelfen:

- Können Sie die Fuse-Bits im AVR-Studio oder mit PonyProg2000 noch ändern? Wenn ja, reagiert zwar Ihr Mikrocontroller nicht, aber Sie haben sich noch nicht ausgesperrt. Am besten überprüfen Sie hier einfach die Einstellungen für die Taktquelle.
- Wenn Ihr Mikrocontroller gar nicht mehr reagiert, könnte es auch sein, dass Sie eine falsche Taktquelle ausgewählt haben und Ihr Controller nun auf einen Takt wartet, um wieder ansprechbar zu sein. In diesem Fall müssen Sie ihm einen Takt auf den Pin *XTAL1* legen. Dieser Takt kann beliebiger Herkunft sein, sollte jedoch unter 16 MHz liegen. Haben Sie noch einen anderen AVR zur Hand, programmieren Sie einfach eine simple Endlosschleife, die einen Pin zwischen *high* und *low* toggelt. Diesen Pin können Sie direkt am XTAL1 Pin des „Patienten" anbringen und Sie sollten mit Ihrem Programmieradapter wieder Zugriff haben. Klaus Leidinger hat hierzu ebenfalls eine sehr einfache Lösung (http://klaus-leidinger.de/mp/Mikrocontroller/meinetools.html#Preserver).
- Sie können keine Fuse-Bits mehr ändern, der Mikrocontroller scheint komplett „tot" zu sein und reagiert auch nicht auf eine externe Taktquelle? In diesem Fall benötigen Sie einen HV-Programmer (High-Voltage-Programming). Wenn Sie das STK500 besitzen, verfügen Sie damit auch schon über ein HV-fähiges Programmiergerät. Ansonsten sind folgende Links empfehlenswert:

HVProg (guter Support, mächtiges Werkzeug und einfacher Nachbau) http://www.der-hammer.info/hvprog/

AVR Doper (STK500 kompatibel, USB-to-RS232-Adapter, Open Source und ebenfalls sehr guter Support) http://www.obdev.at/products/avrusb/avrdoper.html

2 Der Mikrocontroller

2.1 Grundlegendes

Die meisten Mikrocontroller sind ähnlich aufgebaut. Im folgenden Blockschaltbild sehen Sie, wie ein Mikrocontroller in etwa ausgeführt sein kann:

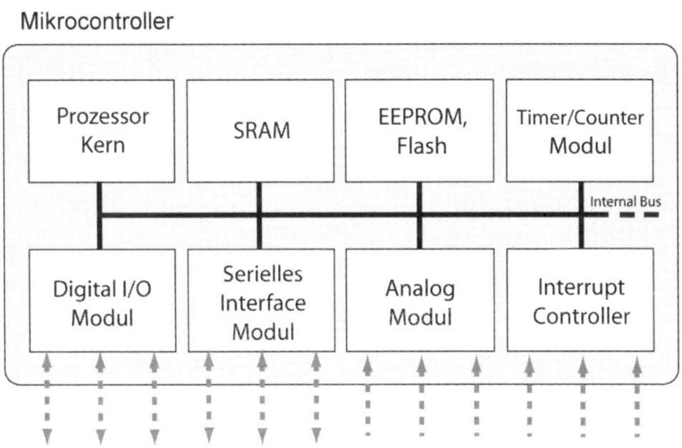

Abb. 2.1: Aufbau eines Mikrocotrollers

Entsprechende Komponenten im Detail:

Prozessor: Das Herz des Mikrocontrollers. Hier befinden sich die Arithmetikeinheit, die Kontrolleinheit und die Register, wie etwa der PC (Program Counter), Akkumulator Register, Stack Pointer, ...

Speicher: Der Speicher enthält den eigentlichen Programmcode und dient oftmals zusätzlich auch als Datenspeicher (program memory/data memory).

Interrupt-Controller: Diese Einheit kümmert sich um die gezielte Unterbrechung des laufenden Programms, je nachdem für welche Ereignisse der Controller konfiguriert wurde. So kann z. B. eine Zustandsänderung von *low* auf *high* an einem bestimmten Pin zu einem Interrupt führen.

Timer/Counter: Ein Timer/Counter ist im Wesentlichen eine Zähleinheit. Dabei können die Zählgeschwindigkeit und der Bereich eingestellt werden. Je nach Konfiguration kann ein entsprechender Überlauf zu einem Interrupt führen.

Ein-/Ausgabeleitungen: Jeder Mikrocontroller besitzt eine Reihe von *Pins*, die zur Kommunikation mit externen Schaltungen verwendet werden können. Je nach Konfiguration haben diese Pins noch weitere Funktionen. So können bestimmte Pins z. B. (je nach Einstellung) als digitale oder analoge Eingänge oder als SPI-Interface dienen. Hier eine Übersicht:

Digital-I/O: Die digitalen Ein- und Ausgänge stellen die Schnittstelle zur „Außenwelt" dar. Mit den sogenannten *Ports* können Sie Zustände in beide Richtungen senden. So kann ein Port z. B. zur Zustandsbestimmung einer externen Schaltung dienen und ebenso einen Zustand an eine externe Schaltung weitergeben. Ein Port besteht normalerweise aus 8 Pins (vereinzelt auch nur aus 7 Pins oder weniger) und, je nach Mikrocontroller, steht ein Port (oder stehen mehrere Ports) zur Verfügung.

Analog-I/O: Die meisten Mikrocontroller besitzen außer den digitalen Ein-/Ausgangsleitungen auch noch analoge Kanäle. Im Unterschied zur digitalen Abtastung (also *0* oder *1*) wird hier meist ein mehr oder weniger genauer Spannungswert an den Leitungen gemessen. Es wird also nicht nur zwischen *low* und *high* unterschieden, sondern z. B. die Spannung „3,2 V" gemessen. Man nennt die analogen Eingangsleitungen auch *Kanäle*. Je nach Konfiguration können diese Kanäle verschiedene Auflösungen messen, also meist Werte im Bereich von 8–12 Bit liefern.

Schnittstellen: Manche der Pins besitzen zusätzliche Funktionen. Dazu gehören bekannte Schnittstellenstandards wie etwa RS232, SPI, SCI, I^2C, CAN oder bei größeren Controllern eventuell sogar USB, Ethernet und PCI. Das bedeutet, dass je nach Controller nur bestimmte Pins für die „serielle Kommunikation" oder als SPI-Ausgang optimiert sind. Die Pinbelegung findet man meist am Beginn des Datenblatts.

2.2 Speicher und Register

Wie bereits erwähnt, wird der Speicher eines AVR unterteilt in:

- Programmspeicher (FLASH)
- Datenspeicher (SRAM)
- EEPROM
- Register (General Purpose Register, I/O-Register)

2.2.1 Programmspeicher

Ein großer Vorteil der AVR-Familie ist die FLASH-Technologie, die zur Speicherung des Programmcodes verwendet wird. Damit ist das Programm mehrfach „austauschbar". Ein Controller kann im Durchschnitt also mindestens 1.000-mal neu beschrieben werden.

Die Art der Programmierung dieses Speichers (das „Beschreiben") kann entweder seriell oder parallel erfolgen. Sie können damit relativ einfach, ohne Auftrennen eines bestehenden Systems, ein neues Programm „laden". Dies ist vor allem dann sinnvoll, wenn es sich um ein Firmware-Upgrade handelt, Sie also Ihre in Verwendung stehende Betriebssoftware auf eine neuere Version aktualisieren.

Je nach Modell der AVR-Familie finden Sie Unterschiede im zur Verfügung stehenden Programmspeicher. Bei manchen ATmega-Varianten erkennen Sie die Größe des FLASH-Speichers an der Endung: ATmega*8* = 8 KB Flash, ATmega*128* = 128 KB Flash.

2.2.2 Datenspeicher

Der Datenspeicher, auch *SRAM* genannt, nimmt alle Daten, die während der Laufzeit entstehen, temporär auf. Temporär deshalb, weil diese Art des Speichers eine Spannungsversorgung benötigt, um den Zustand zu erhalten. Interessanterweise wird dieser Speicher beim AVR in drei weitere Abschnitte geteilt:

- Registerbereich
- Ein-/Ausgabebereich
- Eigentlicher SRAM-Bereich

Die Aufteilung sieht man auch deutlich in der Grafik (Abb. 2.2).

Beim Register- sowie auch dem Ein- und Ausgabebereich handelt es sich um eine sogenannte „Spiegelung". Die *Arithmetische Logikeinheit* (ALU), also das mathematische Hirn des Prozessors, hat keinen direkten Zugriff auf die Ein- bzw. Ausgabeports und kann lediglich auf das SRAM zugreifen.

Aus diesem Grund findet sich in dem festgelegten Bereich des SRAMS die Spiegelung der Portzustände. Somit können die arithmetischen Operationen auch mit diesen Komponenten arbeiten. Damit muss sich ein C-Entwickler im Normalfall jedoch gar nicht beschäftigen.

Im SRAM wird auch der Stack untergebracht. Dabei handelt es sich um einen Stapelspeicher, der anfangs die Größe Null hat. Sobald Daten in diesen Speicher trans-

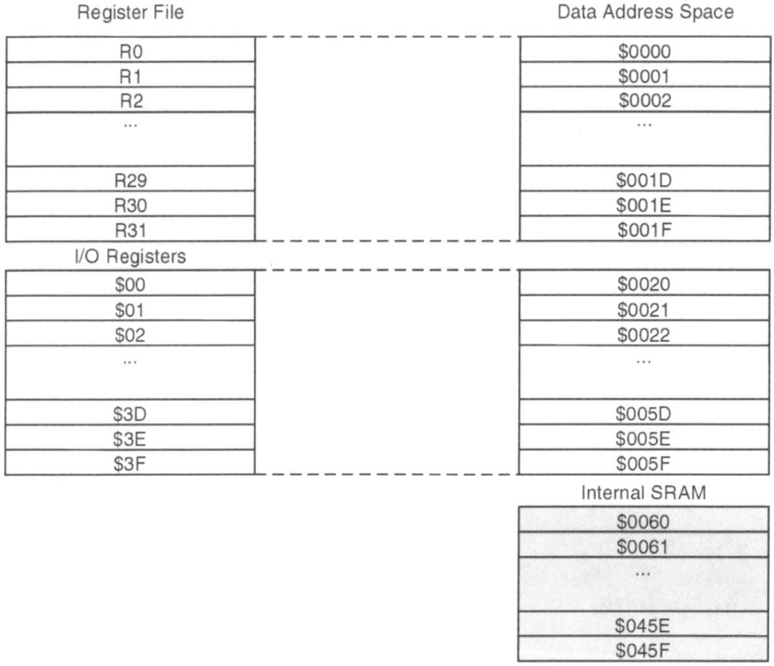

Abb. 2.2: Struktur des Datenspeichers

feriert werden, passt sich der Stack an und wächst automatisch. Aber Achtung: Er wächst vom Ende des SRAMS in Richtung Anfang und nicht umgekehrt. Mehr dazu im nächsten Kapitel über Assembler.

2.2.3 EEPROM

Das EEPROM (Electrically Erasable Programmable Read-Only Memory) wird auch oft „nicht-flüchtiger Speicher" genannt. Das beschreibt diesen Speicher wohl am besten. Er behält die Daten auch über einen stromlosen Zustand hinweg. Wichtig für diesen Speichertyp sind folgende Eigenschaften:

- Das Speichern/Löschen von Daten dauert etwa zwischen 2,5 und 4 ms.
- Das EEPROM „überlebt" etwa 100.000 Schreibzyklen, sollte daher also nicht unbedingt als RAM (bzw. Arbeitsspeicher) verwendet werden.

2.2.4 Register

Der AVR-Mikrocontroller besitzt 32 Register, die jeweils 8-Bit-Daten aufnehmen können. Die Register R26 bis R31 haben dabei eine besondere Funktion: Sie können auch als drei 16-Bit breite Zeiger verwendet werden. Diese Zeiger nennt man: X, Y und Z.

So wird z. B. der Zeiger X aus den Registern R26 und R27 gebildet. Dabei gilt das erste Register, also R26, als *Low-Byte* und das zweite Register, R27, als *High-Byte*. Analog dazu verhalten sich die Register R28 bis R31. Man nennt sie deshalb Zeiger, weil diese Register keinen Datenwert enthalten, sondern den Wert einer Speicheradresse.

Nach „außen“ sieht das natürlich gleich aus, wenn im Register nun *FF 0A* gespeichert ist. Mehr dazu finden Sie im Rahmen der Assemblerprogrammierung und in den Datenblättern des jeweiligen Controllers.

2.3 Peripherie

Die Peripherie (Schnittstelle zur Umgebung) erlaubt dem Mikrocontroller, Kontakt mit der Außenwelt aufzunehmen. Dieser Kontakt kann in zwei Richtungen erfolgen: „lesend“ und „schreibend“, respektive „zum Controller“ und „vom Controller“. Der Kontakt wird mittels sogenannter Leitungen oder *Pins* hergestellt.

Ein Großteil der Pins eines Mikrocontrollers steht Ihnen für bidirektionale Kommunikation zur Verfügung. Da in der Digitaltechnik eine Auflösung von 8 Bit eine Standardgröße darstellt, wurden auch bei Mikrocontrollern jeweils 8 Leitungen zusammengefasst. Sie können zwar diese Leitungen individuell steuern, haben aber direkte Unterstützung für einen 8-Bit-breiten Zugriff.

Was das im Detail bedeutet und warum das sinnvoll ist bzw. sein kann, wird zu einem späteren Zeitpunkt noch erklärt.

2.3.1 Ports

Die Zusammenfassung von acht einzelnen Datenleitungen nennt man einen *Port*. Je nach Ausführung Ihres gewählten Modells werden Sie eine unterschiedliche Anzahl an Ein- und Ausgabeleitungen bzw. mehr oder weniger Ports vorfinden. Die Ports werden alphabetisch nummeriert (A, B, C, ...). Hier eine kleine Übersicht der zur Verfügung stehenden Ports, je nach Modell:

Typ	Port A	Port B	Port C	Port D	Port E	Port F	Port G
ATmega8515	8-bit	8-bit	8-bit	8-bit	-	-	-
ATmega8535	8-bit	8-bit	8-bit	8-bit	-	-	-
ATmega8	-	8-bit	7-bit	8-bit	-	-	-
ATmega16	8-bit	8-bit	8-bit	8-bit	-	-	-
ATmega32	8-bit	8-bit	8-bit	8-bit	-	-	-
ATmega64	8-bit	8-bit	8-bit	8-bit	8-bit	8-bit	5-bit
ATmega128	8-bit	8-bit	8-bit	8-bit	8-bit	8-bit	5-bit
ATTiny11/12	-	6-bit	-	-	-	-	-
ATTiny24	8-bit	4-bit	-	-	-	-	-
ATTiny28	4-bit	8-bit	-	8-bit	-	-	-

Abb. 2.3: Übersicht der zur Verfügung stehenden Datenports

Die Datenleitungen erlauben bidirektionale Kommunikation, also „Senden und Empfangen". Hier gibt es aber eine kleine Besonderheit der AVR-Serie, die einem Anfänger gerne die eine oder andere Stunde Fehlersuche bescheren kann:

Sie müssen vor dem Schreiben oder Lesen der Datenleitungen dem Controller die Richtung angeben. Der Ursprung dafür findet sich in der Aufbauweise der Digitallogik des Mikrocontrollers. Für jeden Port gibt es auch ein eigenes Register, das die aktuelle Datenrichtung speichert. Dieses Register ist ebenfalls 8 Bit breit und trägt die Bezeichnung: *Data-Direction-Register*, oder kurz *DDR*.

Je nachdem, welchen Wert Sie nun in dieses Register eintragen, wird die Datenrichtung bestimmt. Eine *0* bedeutet immer „Eingang", eine *1* steht für „Ausgang". Nehmen wir folgendes Beispiel zur Veranschaulichung:

- DDRA enthält den Wert Hex *F0*.
- Dieser Wert sieht binär so aus: *11110000.*
- PORTA besteht aus acht Datenleitungen, die von 0 bis 7 nummeriert werden.
- Das höchstwertigste Bit in DDRA ist mit dem höchsten Pin an PORTA verknüpft.

PORTA.7 entspricht dem höchsten Bit in DDRA, also einer *1*.

Sie erkennen nun die Pins, deren Datenrichtung auf „Ausgang" und „Eingang" konfiguriert ist.

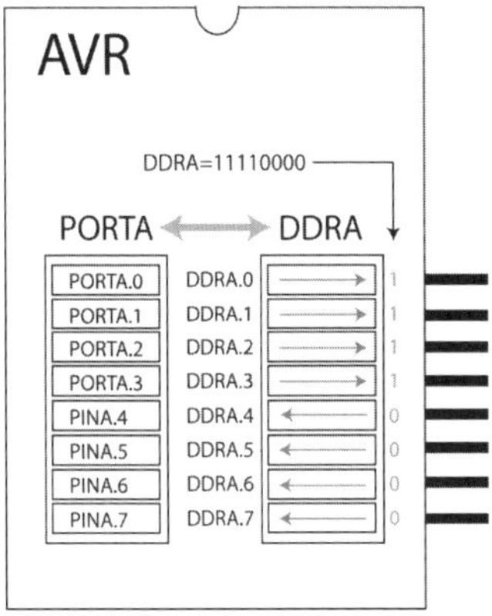

Abb. 2.4: Die Aufschlüsselung in einer Grafik.

2.3.2 Pull-Up-Konfiguration

Was passiert nun eigentlich, wenn auf einer Datenleitung der Wert *0* oder *1* ausgegeben wird? Oder: Welchen Zustand misst der Controller am Eingang, wenn die Leitung „in der Luft" hängt, also weder auf Masse (GND) noch auf eine bestimmte Spannung gezogen wird? Zur Beantwortung dieser Fragen verwendet man einen Pull-Up-Widerstand.

Er sorgt dafür, dass der Zustand am Port entweder 0 V (GND) oder eben 5 V (oder ähnlich) ist. Glücklicherweise verfügt der AVR auch über einen sogenannten *internen* Pull-Up-Widerstand. Wenn Sie also folgende Beschaltung einer Taste haben (siehe Grafik, linkes Beispiel), benötigen Sie diesen internen Pull-Up für das Einlesen des Zustands:

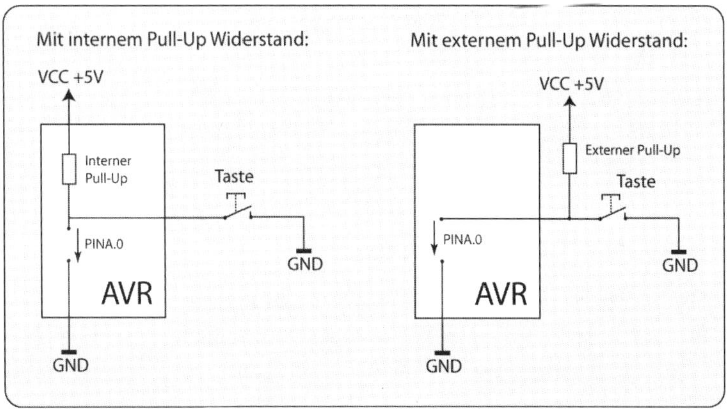

Abb. 2.5: Pull-Up-Konfiguration

Wenn die Taste gedrückt wird (also „leitend“ ist), ist der Zustand genau definiert. Er beträgt 0 V. Daher bekommen Sie auch beim Einlesen den Wert 0. Was aber, wenn die Taste nicht gedrückt wird? In diesem Fall (bei einem aktivierten internen Pull-Up-Widerstand) liegen 5 V am Eingang an, was digital dem Zustand *1* entspricht.

Wäre der Pull-Up nicht vorhanden, würde der Zustand komplett undefiniert sein. Man kann sich diesen Pull-Up, etwa so wie in oben angeführter Grafik, als Widerstand „innerhalb“ des Controllers vorstellen.

Wie erkennt der Mikrocontroller nun, ob man den internen Pull-Up verwenden möchte?

Dazu müssen Sie zuerst das Datenrichtungsregister auf *Eingang* schalten (0x00). Anschließend beschreiben Sie das Port Register mit dem Wert 0xFF (bzw. wenn es sich nur um einen einzelnen Pin handelt, setzen Sie lediglich diesen Pin auf *1*).

Ein *interner* Pull-Up macht natürlich nur dann Sinn, wenn Sie Daten „vom Port“ lesen möchten. Denn hier muss ein definierter Zustand an den Leitungen anliegen.

DDRx	PORTx	Pull-Up	Bemerkung
0x00	0x00	Nein	Der Port ist "hochohmig" (Tri-State)
0x00	0xFF	Ja	Der Port lässt den Strom über den internen Pull-Up fließen wenn am Eingang "low" anliegt.

DDRx = 0x00: Eingang

DDRx = 0xFF: Ausgang (Int. Pull-Up nicht schaltbar)

Abb. 2.6: Übersicht über die Zustände des DDR- und Port-Register

Wenn Sie in Ihrem Projekt eine LED ansteuern wollen, stehen Ihnen hierfür zwei Möglichkeiten (Details unter: http://www.mikrocontroller.net/topic/66109) zur Auswahl:

2.3.3 Schalten einer LED: Möglichkeit 1

Wenn Sie mit der Schaltung in Abb. 2.7 auf die Leitung eine *0* senden, wird die Spannung am Pin auf 0 V (GND) gesetzt und der Strom fließt vom höchsten Potenzial (Spannungsversorgung) durch den Widerstand und die LED, die somit leuchtet.

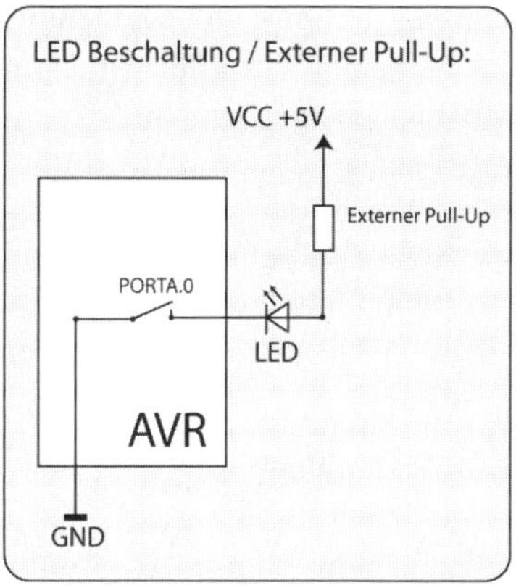

Abb. 2.7: LED mit Pull-Up

Setzen Sie die Leitung auf *1*, ist der Ausgang „hochohmig“ und es findet kein Stromfluss statt – die LED wird nicht leuchten.

Dies kann einem Anfänger bereits einige Probleme bereiten, da es nicht immer logisch ist, dass bei *0* die LED leuchtet und bei *1* nicht – ist man es doch gewohnt, dass *0* als ausgeschaltet und *1* als eingeschaltet definiert ist.

2.3.4 Schalten einer LED: Möglichkeit 2

Wenn Sie das myAVR-Board oder das STK500 verwenden, können Sie dort die LEDs direkt über einen Vorwiderstand mit den entsprechenden Pins am Mikrocontroller verbinden. Sie schließen die LED also nicht gegen VCC (wie in Möglichkeit 1) an, sondern gegen Masse. Der Strom wird also vom AVR geliefert. In der Schaltung sieht das so aus:

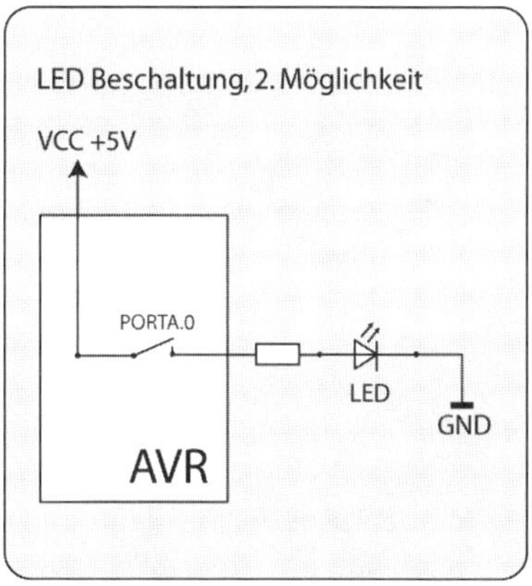

Abb. 2.8: LED mit Beschaltung gegen Masse

Sie müssen selbst entscheiden, welche Möglichkeit Ihnen besser gefällt. Bedenken Sie aber, dass der Mikrocontroller nur eine begrenzte Menge an Strom liefern kann und es unter Umständen sinnvoller ist, die LED über einen externen Pull-Up zu betreiben.

2.3.5 Mehrfachbelegung der Pins

Abb. 2.9 zeigt die Belegung der einzelnen Pins des Controllers. Darauf sind auch die Ports zu erkennen: PB, PC, PD (Port B, Port C und Port D). Der Großteil der Pins ist mit Ein-/Ausgabeleitungen (Ports) belegt. Nur wenige Leitungen stehen nicht für die Kommunikation zur Verfügung (VCC, GND, ...).

Wie man aber bereits erkennen kann, finden sich in den Klammern neben den angeführten Ports noch weitere Bezeichnungen. So steht bei PD0 z. B. das Kürzel *RXD* in der Klammer. Das bedeutet, dass die Leitungen mit mehreren Funktionen belegt sind. Je nach Anwendungsfall können sie daher nur für einen bestimmten Zweck verwendet werden.

Will man z. B. die serielle Schnittstelle nutzen, kann man den Port D nicht mehr in seiner ganzen Funktion als 8-Bit-Port verwenden, denn PORTD.0 (PD0) dient zum Empfang (RXD) und PORTD.1 zum Senden (TXD) serieller Daten. Natürlich kann man die übrigen Leitungen des Ports einzeln verwenden.

Nun bleiben beim ATmega8 immerhin noch zwei weitere Ports zur vollen Verwendung übrig (wobei hier angemerkt werden muss, dass Port C bei diesem Modell nur sieben Datenleitungen besitzt, nicht acht). Wenn man aber nun noch den internen

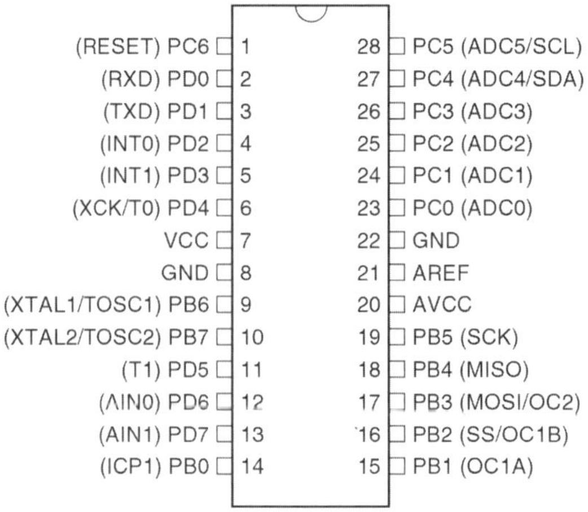

Abb. 2.9: Auszug aus dem Datenblatt des ATmega8.

A/D-Wandler (ADC0 bis ADC5) verwenden möchte, steht auch Port C nur mehr eingeschränkt zur Verfügung.

Wenn die Applikation mittels eingebautem SPI (Synchrone serielle Schnittstelle) auch noch einen anderen Chip steuert (via SCL, SDA), stehen keine vollen 8-Bit-Ports mehr zur Verfügung. Auf jeden Fall sollte man beim Schaltungsentwurf schon auf die Verwendung der geplanten Funktionen achten, um nicht bestimmte Ein- bzw. Ausgabeports doppelt zu belegen. Schlecht wäre z. B. eine Schaltung, die eine LED an PD0 steuern will und gleichzeitig die serielle Schnittstelle verwendet. Das würde wegen Doppelbelegung nicht funktionieren.

2.4 Interrupts

Normalerweise verarbeitet der Mikrocontroller einen Befehl nach dem anderen – er arbeitet also sequenziell. Es gibt jedoch Situationen, in denen es erforderlich ist, das aktuelle Programm zu unterbrechen, um etwas Wichtigeres zu erledigen. Ihr Programm kümmert sich z. B. in einer Schleife um das „Scrollen" eines Textes auf einem LCD. Dieser Text wird so lange angezeigt, bis der Benutzer eine Taste drückt. Der Controller muss also parallel zur Anzeige auf dem LCD auch auf eine mögliche Betätigung der Taste achten.

2.4.1 Polling oder Interrupt?

Diese Problemstellung ließe sich auf zwei Wegen lösen:

- Durch ständiges *Polling*
- Oder durch einen *Interrupt*

Polling beschreibt das wiederholende Abfragen eines Zustands, wie etwa den einer Taste. Dies findet meist in einer Schleife statt, die Bedingung könnte lauten: „Ist der Zustand an PortB.1 schon *1*? – Nein, also bleibe noch in der Schleife."

Oftmals fehlen aber in einem Programm die nötigen Ressourcen zur ständigen Überwachung eines Ports. Das ist z. B. der Fall, wenn Routinen ausgeführt werden, die eine Menge Rechenzeit benötigen. So kann es leicht passieren, dass der Benutzer schneller die Taste drückt und wieder loslässt, als der Controller seine Routine beendet hat. Somit würde man den Tastendruck „verpassen". Aus diesem Grund gibt es Interrupts.

Man stellt einen Interrupt auf ein bestimmtes Ereignis ein und braucht sich nun während des Programmablaufs nicht mehr darum zu kümmern. Tritt dieses Ereignis nun ein, stoppt der Controller seine aktuelle Programmausführung, merkt sich die Stelle, an der das Programm pausiert wurde, und führt anschließend die sogenannte *Interrupt-Service-Routine* (ISR) durch.

2.4.2 ISR

Die ISR ist eine speziell gekennzeichnete Funktion, die der Controller „anspringt“ und ausführt. Danach setzt er die Programmausführung ganz normal an der vorher pausierten Stelle wieder fort.

Es gibt nicht für alle Ereignisse einen gemeinsamen, sondern für jedes verfügbare Ereignis einen bestimmten, eigenen Interrupt. Beispiele dafür wären etwa Interrupts beim Empfangen/Senden eines Bytes über RS232, bei Flankenänderung an einem Pin, Timer/Counter-Überlauf, erfolgreicher Analog/Digital-Wandlung, usw.

Details zur Programmierung dieser ISR in der Programmiersprache C finden sie in Kapitel 4.8.

2.4.3 cli und sei

Einer der häufigsten Fehler bei der Programmierung interruptgesteuerter Anwendungen ist es, zu versäumen, dass man dem Controller mitteilen muss, dass er überhaupt die Erlaubnis hat, Interrupts auszuführen – oder er, wenn es die Anwendung verlangt, ab einem bestimmten Zeitpunkt keine Interrupts mehr ausführen darf.

Um die Ausführung von Interrupts in C zu aktivieren, bedient man sich des Befehls sei(). Um alle Interrupts zu deaktivieren, verwendet man den Befehl cli(). Die Anweisungen haben auch in Assembler denselben Namen. Mehr dazu und nähere Details zur Programmierung von Interrupts finden Sie im Kapitel über die C-Programmierung.

2.5 Die serielle Schnittstelle (USART/RS232)

Der AVR bietet Ihnen bereits hardwareseitig Unterstützung für die serielle Kommunikation. Je nach Modell sind bestimmte Pins mit den Bezeichnungen *RXD* und *TXD* ausgeführt. Diese Kennzeichnung steht für „Transmit“ und „Receive“, also „Senden“ und „Empfangen“ (aus der Sicht des Controllers).

Es ist zwar eine gewisse externe Beschaltung notwendig, um den Mikrocontroller direkt mit einem PC verbinden zu können, diese „Beschaltung“ besteht aber im Wesentlichen aus meist nur einem einzigen Chip (und ein paar Kondensatoren), nämlich dem *MAX232*, einem Pegelwandler. Hier die Grundschaltung:

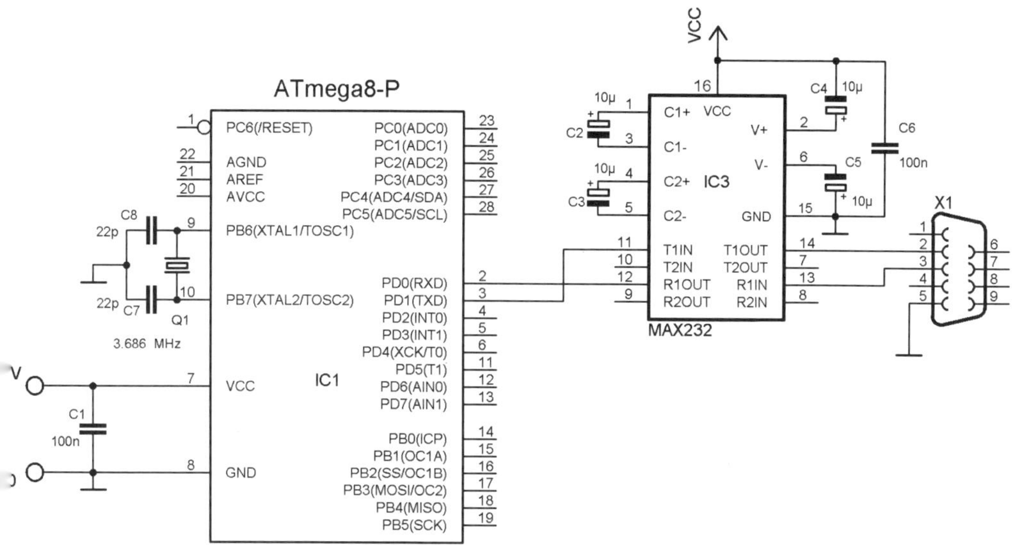

Abb. 2.10: Grundbeschaltung der seriellen Schnittstelle

2.5.1 Konfiguration

Sie können je nach Wunsch eine beliebige Baudrate einstellen, das Kommunikationsprotokoll festlegen und entscheiden, ob asynchroner oder synchroner Transfer verwendet wird. Dazu benötigen Sie einige Register, die vor der Verwendung der Schnittstelle richtig konfiguriert werden müssen. Hier die Reihenfolge:

1. Einstellen der Baudrate
2. Die Übertragungseinstellungen konfigurieren
3. Transmitter und/oder Receiver einschalten
4. Interrupts ein- oder ausschalten

Beginnen wir mit dem Wichtigsten, der Baudrate:

Die Baudrate (Übertragungsgeschwindigkeit in Bit pro Sekunde) hat normalerweise einen der folgenden Werte:

1.200, 2.400, 4.800, 9.600, 19.200, 38.400, 57.600 oder 115.200 bps.

Je nach Prozessorgeschwindigkeit, also dem Takt, verändert sich auch die Berechnung dieser Baudrate. Die Techniker von ATMEL haben sich dazu eine kleine Formel einfallen lassen, die so aussieht:

UBRR = (Prozessortakt / 16 / Baudrate) –1

Das Ergebnis dieser Formel übergeben Sie dem Controller zur Konfiguration der Baudrate. Dazu verwenden Sie die Register *UBRRH* und *UBRRL*. Man sieht schon, dass es sich dabei um ein 16-Bit-Register handelt, da es ein *High*-Byte und ein *Low*-Byte gibt. Dazu müssen Sie also das Ergebnis der Formel in ein *High*- bzw. ein *Low*-Byte zerlegen. In C könnte das etwa so aussehen:

```
#define BAUDRATE          19200
#define PROZESSORTAKT     16000000
#define UBRR_FORMEL               ((PROZESSORTAKT/16/BAUDRATE)-1))
.
.
.
UBRRH = (unsigned char) (UBRR_FORMEL >> 8);
UBRRL = (unsigned char) (UBRR_FORMEL);
```

Als Nächstes legen Sie die Übertragungseinstellungen fest. Das notwendige Register hierfür heißt *UCSRC*. Mit diesem Register legen Sie z. B. fest, ob es sich um eine synchrone oder eine asynchrone Übertragung handeln soll. Dazu ein Auszug aus dem Datenblatt des ATmega8:

Bit	7	6	5	4	3	2	1	0	
	URSEL	UMSEL	UPM1	UPM0	USBS	UCSZ1	UCSZ0	UCPOL	UCSRC
Read/Write	R/W	R/W	R/W	R/W	R/W	R/W	R/W	R/W	
Initial Value	1	0	0	0	0	1	1	0	

Abb. 2.11: UCSRC-Register

Wichtig: Das Bit *URSEL* muss immer auf *1* gesetzt sein. Ansonsten wird ein ganz anderes Register programmiert (mehr Details dazu im Datenblatt).

Die folgenden Einstellungen können daher (unter anderem) mit dem UCSRC-Register konfiguriert werden:

- USART-Modus (asynchron, synchron)
- Parity (Disabled, Enabled/Even Parity, Enabled/Odd Parity)
- Stop Bit (1-Bit, 2-Bit)
- Character Size (Zeichengröße: 5 bit, 6 bit, 7 bit, 8 bit, 9 bit)

Hier eine kurze Übersicht mit den entsprechenden Werten:

USART-Modus:

- Asynchron: UMSEL=0
- Synchron: UMSEL=1

Parity:

- Disabled / No Parity: UPM1=0, UPM0=0
- Enabled / Even Parity: UPM1=1, UPM0=0
- Enabled / Odd Parity: UPM1=1, UPM0=1

Stop Bit:

- 1-Bit: USBS=0
- 2-Bit: USBS=1

Character Size:

- 5-bit: UCSZ2=0, UCSZ1=0, UCSZ0=0
- 6-bit: UCSZ2=0, UCSZ1=0, UCSZ0=1
- 7-bit: UCSZ2=0, UCSZ1=1, UCSZ0=0
- 8-bit: UCSZ2=0, UCSZ1=1, UCSZ0=1
- 9-bit: UCSZ2=1, UCSZ1=1, UCSZ0=1

In den meisten Anwendungen finden Sie folgende Konfiguration:

- Asynchrone Übertragung
- Character Size von 8-Bit
- 1 Stop Bit
- No Parity

Ohne noch näher ins Detail gehen zu wollen, hier die direkten Anweisungen in C für drei häufig verwendete Einstellungen:

```
// Ansynchron, 8-Bit, No Parity, 1 Stop Bit
UCSRC = (1<<URSEL) | (3<<UCSZ0);

// Ansynchron, 8-Bit, No Parity, 2 Stop Bit
UCSRC = (1<<URSEL) | (1<<USBS) | (3<<UCSZ0);

// Synchron, 8-Bit, No Parity, 1 Stop Bit
UCSRC = (1<<URSEL) | (1<<UMSEL)) | (3<<UCSZ0);
```

Hiermit sind die Übertragungsparameter festgelegt. Als Nächstes müssen Sie sich entscheiden, ob die Schnittstelle nur senden, nur empfangen – oder beides können soll. In den meisten Fällen wird eine Kommunikation in beide Richtungen verlangt. Das verantwortliche Register hierfür heißt: *UCSRB*. Abb. 2.12 zeigt eine Darstellung aus dem Datenblatt.

Bit	7	6	5	4	3	2	1	0	
	RXCIE	TXCIE	UDRIE	RXEN	TXEN	UCSZ2	RXB8	TXB8	UCSRB
Read/Write	R/W	R/W	R/W	R/W	R/W	R/W	R	R/W	
Initial Value	0	0	0	0	0	0	0	0	

Abb. 2.12: UCSRB-Register

Relevant sind die Bits *RXEN* und *TXEN*, also *Receiver Enable* und *Transmitter Enable*. Eine *1* in diesen Bits schaltet die jeweilige Kommunikationsrichtung ein. Hier ein einfaches Codebeispiel in C:

```
        // Empfänger und Sender einschalten
        UCSRB = (1<<RXEN) | (1<<TXEN);
```

Unter Umständen wollen Sie beim Empfang eines Bytes per Interrupt benachrichtigt werden. Das können Sie ebenfalls in diesem Register festlegen. Dazu verwenden Sie die Bits *RXCIE* und *TXCIE*, also *Receive Complete Interrupt Enable* und *Transmit Complete Interrupt Enable*. Eine *1* in diesen Bits schaltet die Interrupt-Benachrichtigung ein. Hiermit haben Sie alle relevanten Einstellungen für eine erfolgreiche Verwendung der seriellen Schnittstelle erledigt.

Zusammenfassend:

- UBRRH/UBRRL ist für die Baudrate zuständig (16-Bit).
- UCSRB dient zum Einschalten von Sender und/oder Empfänger und der Interrupts.
- UCSRC legt die Übertragungsparameter fest.

Abschließend noch ein Beispiel für eine typische Initialisierung, wie man sie in den meisten Programmen verwenden kann:

```
#define TAKT            16000000
#define UART_BAUDRATE   19200
#define UART_SETTING    ( (TAKT/16L/UART_BAUDRATE) -1)

void setup_uart()
{
        // Baudrate einstellen
        UBRRH = (char) (UART_SETTING >> 8);
        UBRRL = (char) (UART_SETTING);

        // Empfänger und Sender einschalten
        UCSRB = (1<<RXEN) | (1<<TXEN);

        // Asynchron, 8N1
        UCSRC = (1<<URSEL) | (3<<UCSZ0);
}
```

2.5.2 Senden und Empfangen von Daten

Das Senden von Daten gestaltet sich sehr einfach. Es gibt einen sogenannten Transmit-Buffer, in den Sie Ihre Daten schreiben. Der Controller holt das Zeichen dort ab, versendet es und leert damit den Puffer. Sobald der Puffer leer ist, können Sie ein neues Zeichen versenden. Sie benötigen dazu folgende Register:

- UCSRA – enthält den Status des Transmit-Buffers
- UDR – USART-Datenregister bzw. Transmit-Buffer

Bit	7	6	5	4	3	2	1	0	
	RXC	TXC	UDRE	FE	DOR	PE	U2X	MPCM	UCSRA
Read/Write	R	R/W	R	R	R	R	R/W	R/W	
Initial Value	0	0	1	0	0	0	0	0	

Abb. 2.13: Darstellung des UCSRA-Registers.

Vor dem Senden müssen Sie das UDRE(USART Data Register Empty)-Bit überprüfen. Wenn der Wert von UDRE *1* ist, kann der Transmit-Buffer (das UDR-Register) wieder Daten aufnehmen. Sie müssen also vor jedem Sendevorgang dieses Bit überprüfen und warten, bis es den Zustand *1* annimmt.

Anschließend schreiben Sie das gewünschte Zeichen in das UDR-Register. Der Controller versendet es und setzt danach UDRE wieder auf *1*.

Hier eine C-Funktion zum Versenden eines Zeichens:

```
void uart_putchar(unsigned char c)
{
        // Warten bis Buffer bereit ...
        while (!bit_is_set(UCSRA, UDRE))
                ;

        // Senden...
        UDR = c;
}
```

Ähnlich funktioniert der Empfang eines Zeichens. Sie prüfen, ob im Empfangspuffer schon ein Zeichen steht. Wenn ja, können Sie es auslesen. Dazu benötigen Sie wieder das Register UCSRA. In diesem Fall prüfen Sie jedoch das Bit *RXC* (USART Receive Complete). Hat dieses Bit den Wert *1*, befinden sich Daten im Empfangspuffer. Diese können Sie ebenso wie beim Senden mit dem Register *UDR* auslesen.

Es gibt daher auch zwei Möglichkeiten für den Empfang: *Blocking* Mode und *Non-Blocking* Mode. Entweder Sie warten in der Empfangsfunktion so lange, bis ein Zeichen empfangen wurde (Blocking), oder Sie schauen nur kurz in den Puffer, „ob denn schon ein Zeichen da ist" (Non-Blocking). Hier beide Anwendungen:

Blocking-Mode:

```
char uart_getchar(void)
{
        // Prüfen, ob schon ein Byte im Empfangsbuffer
        while (!bit_is_set(UCSRA, RXC))
                ;

        return UDR;
}
```

Non-Blocking-Mode:

```
int uart_getchar(void)
{
        // Prüfen, ob schon ein Byte im Empfangsbuffer
        if (bit_is_set(UCSRA, RXC) == 0)
                return -1; // -1 = Kein Zeichen vorhanden

        return UDR;
}
```

2.6 Timer/Counter

Ein Timer bzw. ein Counter ist eine Einheit, die mit einer bestimmten Frequenz eine Zahl erhöht. Ein 8-Bit-Timer/Counter zählt daher den Wertebereich 0 bis 255 durch und erzeugt dann einen Überlauf – beginnt also wieder von vorn mit der Zahl 0.

In den meisten Fällen konfiguriert man den Timer so, dass bei einem Überlauf ein Interrupt ausgelöst wird. Je nach Zählfrequenz können Sie so eine periodische Funktion ausführen. Dies eignet sich z. B. zur Generierung eines Takts, einer Uhrzeit, eines Synchronimpulses etc.

Die Zählfrequenz (*Clock*) kann entweder intern oder extern erzeugt werden. Wird die Clock extern erzeugt, spricht man von einem *Counter*, weil damit die Anzahl steigender bzw. fallender Flanken „gezählt" werden kann. Außerdem haben Sie die Möglichkeit, die interne Clock durch einen sogenannten Prescaler herunterzuteilen. So kann aus einer Vielzahl von Frequenzen gewählt werden.

In einem speziellen Modus (Compare-Mode) kann man den Timer bis zu einem bestimmten Wert hochzählen lassen, um dann einen Interrupt auszulösen. Somit muss nicht immer ein Überlauf (bei 256) stattfinden, um ein Signal zu erzeugen.

Wichtig: Die verschiedenen AVR-Controller besitzen hier unterschiedliche Konfigurationen. Ein Blick in das Datenblatt ist daher unvermeidlich. Alle folgenden Beispiele und Erklärungen beziehen sich auf den ATmega8. Er besitzt zwei 8- und einen 16-Bit-Timer/Counter.

Hier eine kurze Übersicht der einzelnen Timer/Counter:

8-Bit-Timer/Counter0

- 10-Bit Prescaler
- Frequenzgenerator
- PWM-Modus
- Unterstützt das Zählen von Taktflanken
- CTC-Modus (Clear Timer on Compare Match)
- Einfacher Timer, für simple Aufgaben gedacht

16-Bit-Timer/Counter1

- Besitzt dieselben Eigenschaften wie Timer/Counter0
- Zählt im 16-Bit Bereich (0 bis 65.535)
- Verfügt über ein zusätzliches, unabhängiges Vergleichsregister (Compare Register)
- Beherrscht PWM mit variabler Periode
- Input Capture Unit (Zählen externer Ereignisse)

8-Bit-Timer/Counter2

- Besitzt dieselben Eigenschaften wie Timer/Counter0, außer das Zählen von Taktflanken
- Erlaubt „asynchronen Modus", also die Verwendung eines 32-kHz-Uhrenquarz als Taktquelle (ist damit unabhängig vom Systemtakt und kann so auch längere Zeitabstände messen)

Zur Referenz eine Tabelle:

Funktion	Timer0	Timer1	Timer2
Größe des Zählregisters	8-bit	16-bit	8-bit
Zählen von Taktflanken	Ja	Ja	-
Vorteiler (Prescaler)	10-bit	10-bit	10-bit
CTC (Clear Timer on Compare Match)	Ja *	Ja	Ja
Frequenzgenerator	Ja	Ja	Ja
PWM	Ja	Ja	Ja
PWM mit variable Periode	-	Ja	-
Zusätzl. unabhängiges Vergleichsregister	-	Ja	-
Input Capture Unit	-	Ja	-
32kHz Uhrenquarz als Taktquelle	-	-	Ja

* Nur ATmega16, nicht ATmega8

Abb. 2.14: Übersicht der Timer

2.6.1 8-Bit-Timer/Counter 0

Um diesen Timer/Counter zu verwenden, gehen Sie folgendermaßen vor:

1. Einstellen der Zählfrequenz (Clock)
2. Konfigurieren des Interrupts
3. Einstellen des „Startwertes"
4. Alle Interrupts „erlauben"
5. Starten des Timers

Der Vorgang Schritt für Schritt:

Die Clock wird mit dem Register *TCCR0* eingestellt:

Bit	7	6	5	4	3	2	1	0	
	–	–	–	–	–	CS02	CS01	CS00	TCCR0
Read/Write	R	R	R	R	R	R/W	R/W	R/W	
Initial Value	0	0	0	0	0	0	0	0	

Abb. 2.15: TCCRO-Register

Diese Tabelle aus dem Datenblatt erklärt die vorhandenen Möglichkeiten:

CS02	CS01	CS00	Erklärung
0	0	0	Kein Clock. Timer gestoppt.
0	0	1	clk = Prozessortakt
0	1	0	clk = Prozessortakt / 8
0	1	1	clk = Prozessortakt / 64
1	0	0	clk = Prozessortakt / 256
1	0	1	clk = Prozessortakt / 1024
1	1	0	clk = Ext. Clocksignal an T0 pin (Falling Edge)
1	1	1	clk = Ext. Clocksignal an T0 pin (Rising Edge)

Abb. 2.16: Taktquelle des Timers

Anhand der Bits CS02, CS01 und CS00 legen Sie also die Quelle der Clock (intern/extern) und den gewünschten Teiler fest. Bei einem 16-MHz-Quarz und einem Teiler von 8 würde der Timer/Counter mit einer Frequenz von 2 MHz zählen.

Wichtig: Für den 16-Bit-Timer/Counter1 gilt dieselbe Tabelle (siehe oben). Für den 8-Bit-Timer/Counter2 gibt es jedoch eine eigene Konfigurationstabelle (siehe Datenblatt).

Als Nächstes wird ein Interrupt konfiguriert. Wenn der Timer überläuft (also 256-mal getickt hat), stoppt der Prozessor die Ausführung des aktuellen Programms und springt an eine bestimmte Adresse. Jeder Art von Interrupt (Timer, RS232, etc.) ist eine bestimmte Speicheradresse zugeordnet. Diese nennt man auch „Interrupt Vektor".

Für das Aktivieren des Timer *0 – Overflow Interrupts* verwenden Sie das Register *TIMSK* (Timer/Counter Interrupt Mask Register). Das sieht so aus:

Bit	7	6	5	4	3	2	1	0	
	OCIE2	TOIE2	TICIE1	OCIE1A	OCIE1B	TOIE1	-	TOIE0	TIMSK
Read/Write	R/W	R/W	R/W	R/W	R/W	R/W	R/W	R/W	
Initial Value	0	0	0	0	0	0	0	0	

Abb. 2.17: TIMSK-Register

Hier interessiert vorerst nur der Zustand des Bits *TOIE0* (Timer/Counter0 Overflow Interrupt Enable). Dieses muss den Wert *1* enthalten, um den Interrupt zu aktivieren. In C könnte das etwa so aussehen:

```
TIMSK = (1 << TOIE0)
```

Sie können nun noch festlegen, bei welchem Startwert der Timer zu zählen beginnt. Ein 8-Bit-Timer/Counter zählt normalerweise von 0 bis 255 durch und erzeugt dann einen Überlauf bzw. einen Interrupt.

Sie können den Timer aber auch später starten lassen, also nicht etwa von 0 weg, sondern z. B. von 200. Dies ist sinnvoll, denn bei einer Zählfrequenz von 1 MHz würde erst nach 256 Schritten ein Überlauf stattfinden. Das wäre eine Frequenz von etwa 3.907 Hz, also alle 256 µs.

Setzen Sie den Startwert auf 246, benötigt der Timer noch 10 Schritte bis zum Überlauf. Mit einer Zählfrequenz von 1 MHz wäre das ein 100-kHz-Takt.

Diesen Startwert setzt man, indem das Register *TCNT0* als sogenanntes „Zählregister" dient. Dieses wird vom Timer mit jedem Zähldurchgang um eine Einheit erhöht. Bei 256 führt dies dann zu einem Überlauf (Aufrufen des Interrupts, Neustart bei 0). Sie sollten das Register daher vor dem eigentlichen Starten des Timers setzen.

Wichtig: Sie dürfen in der Interrupt-Routine nicht vergessen, das Zählregister immer wieder auf den gewünschten Startwert zu setzen. Nach dem Überlauf würde der Timer sonst wieder bei 0 beginnen. Mehr dazu in einem später angeführten Beispielprogramm.

Bevor es nun endlich losgeht, müssen Sie dem Controller noch den Aufruf aller Interrupts „erlauben". Normalerweise hat der Controller in der Standardeinstellung nicht die Erlaubnis, Interrupts zuzulassen, da es besonders zeitkritische Programmteile geben könnte, die Sie auf gar keinen Fall durch einen Interrupt unterbrechen lassen wollen. Das ist die Standardeinstellung des Controllers. Mit dem C-Befehl sei*()* können Sie ihm mitteilen, dass er ab jetzt alle Interrupts zulassen darf.

Unter Umständen wollen Sie die Unterbrechung durch Interrupts in manchen Programmteilen aber nicht zulassen. Dann empfiehlt sich der Befehl cli*()*.

sei() – Erlauben aller Interrupt-Aufrufe ab diesem Zeitpunkt
cli() – Verbieten aller Interrupt-Aufrufe ab diesem Zeitpunkt

Mehr dazu sehen Sie in einem nachfolgenden Beispiel.

Nun könnten Sie den Timer starten, doch das ist bereits geschehen. In dem Moment, in dem Sie dem Timer eine *Clock* zuweisen, beginnt er bereits zu laufen. Wenn Sie den Timer wieder stoppen wollen, weisen Sie einfach den Bits CS02, CS01, CS00 (zu finden im Register *TCCR0*) je eine *0* zu und der Timer pausiert.

Hier ein Beispiel zur Generierung eines 625-Hz-Rechtecksignals, bei einem 8-MHz-Quarz.

```
/* Rechtecksignal mit ca. 625 Hz */

#include <avr/io.h>
#include <avr/interrupt.h>

/* 31250 Hz Zähltakt geteilt durch 25 = 1250 Hz */
/* Aber: 1 Periode = Zustände High+Low! Daher 625 Hz */
#define DURCHLAEUFE           25

ISR(TIMER0_OVF_vect)
{
      /* Zustand an PORTB invertieren */
      PORTB = ~PORTB;

      /* Neu laden, nicht bei 0 beginnen! */
      TCNT0 = 256 -DURCHLAEUFE;
}

int main(void)
{
      TCNT0 = 256 -DURCHLAEUFE;

      /* Clock geteilt durch 256 = 31250 Hz Takt */
      TCCR0 - (1 << CS02);

```

```
26:         /* Interrupt Enable, für Overflow */
27:         TIMSK = (1 << TOIE0);
28:
29:         /* Alle Interrupts erlauben */
30:         sei();
31:
32:         /* Endlosschleife */
33:         while (1) ;
34:
35:         return 0;
36: }
```

In Zeile 4 binden Sie das notwendige Headerfile für *Interrupt-Handling* ein. Diese Datei benötigen Sie eigentlich immer, wenn Ihr Programm mit Interrupts zu tun hat.

In Zeile 10 beginnt die Interrupt-Routine (nach neuer Schreibweise). Der Inhalt dieser Routine besteht im Wesentlichen aus zwei Aktionen:

1. Das Invertieren des Portzustands von Port B.
2. Den Zähler wieder neu laden, damit er nicht bei 0 beginnt (und somit 256 Durchläufe bis zum Überlauf benötigen würde). Hier startet der Zähler bei „256 – Anzahl der gewünschten Durchläufe". In unserem Fall also *231*. Ab hier werden nur noch 25 Durchläufe benötigt, um diese Routine das nächste Mal zu starten. Bei einer Zählfrequenz von 31.250 Hz (= 8 MHz geteilt durch 256) entspricht das einer „Überlauffrequenz" von 1.250 Hz.

Im Hauptprogramm finden Sie die Initialisierung des Timers. Anschließend begibt sich der Controller in eine Endlosschleife (und zählt natürlich im Hintergrund den Timerwert hoch).

Achtung: Die wohl wichtigste Anweisung des ganzen Beispiels findet sich in Zeile 30, nämlich *sei()*. Mit dieser Anweisung teilen Sie dem Prozessor mit: „Ab jetzt alle Interrupts erlauben!". Es handelt sich hier wirklich um zwei verschiedene Dinge:

1. Sie müssen im Register TIMSK den Interrupt für den gewünschten Timer/Counter einschalten. Dies bezieht sich daher nur auf den Timer selbst.
2. Außerdem müssen Sie generell in Ihrem Programm dem Prozessor mitteilen: Ab jetzt sind alle Interrupts „erlaubt". Das geschieht mit der Anweisung *sei()*.

Hier werden am häufigsten Fehler gemacht. Denken Sie also daran, wenn etwas nicht so funktioniert, wie es sollte.

2.6.2 Output-Compare-Mode

Der Timer/Counter besitzt jedoch noch etwas mehr Power als das reine „Hochzählen" eines Registers. Sie können dem Zähler z. B. sagen, bis zu welchem Wert er hochzählen soll. Sie müssen also nicht mehr auf einen Überlauf nach 256 (bzw. 65.536) Durchgängen warten, sondern können schon früher einen Interrupt auslösen.

Der Timer zählt in diesem Modus das Zählregister wie üblich hoch und vergleicht den Wert ständig mit einer „Obergrenze". Ist diese Grenze erreicht, wird ein Interrupt ausgelöst und der Timer beginnt anschließend wieder bei 0. Durch das ständige „Vergleichen" nennt sich dieser Modus daher auch „Compare-Mode".

Wichtig: Beim ATmega8 verfügt der Timer/Counter0 über keinen Compare-Mode (beim ATmega16 jedoch schon). Timer/Counter1 (16 bit) und Timer/Counter2 (8 bit) haben einen Compare-Mode. Wir verwenden für die Erklärung daher den Timer/Counter2.

Um den Compare-Mode einzustellen, folgen Sie diesen Schritten (die Unterschiede zur normalen Timerkonfiguration sind fett geschrieben):

1. Einstellen der Zählfrequenz (Clock)
2. **Konfigurieren des Compare-Match-Interrupts**
3. Einstellen des „Startwerts"
4. **Output-Compare-Register setzen (OCR2)**
5. Alle Interrupts „erlauben"
6. Starten des Timers

Die Schritte 1, 3, 5 und 6 sind aus dem vorigen Beispiel bereits bekannt. Folgend geht es um die neuen Einstellungen.

Bei einem Compare-Match, also dem Übereinstimmen des Zählregisters mit dem „Vergleichsregister", ein Interrupt ausgelöst werden. Dazu benötigen Sie das Register TIMSK, das Ihnen nun schon bekannt ist:

Bit	7	6	5	4	3	2	1	0	
	OCIE2	TOIE2	TICIE1	OCIE1A	OCIE1B	TOIE1	-	TOIE0	TIMSK
Read/Write	R/W	R/W	R/W	R/W	R/W	R/W	R/W	R/W	
Initial Value	0	0	0	0	0	0	0	0	

Abb. 2.18: TIMSK-Register

Hier interessiert uns das Bit *OCIE2* (Output Compare Match Interrupt Enable). Wie üblich bewirkt hier eine *1*, dass der Interrupt aktiviert ist. Das würde in C so aussehen:

```
TIMSK = (1 << OCIE2)
```

Nun müssen Sie eigentlich nur noch festlegen, bei welchem Vergleichswert der Interrupt ausgelöst wird. Dazu verwendet man das Register *OCR2*. Damit wird der gewünschte „Triggerwert" gesetzt.

Sehen wir uns ein ganzes Beispiel dazu an:

```
1:      #include <avr/io.h>
2:      #include <avr/interrupt.h>
3:
4:      ISR(TIMER2_COMP_vect)
5:      {
6:              /* Zustand an PORTB invertieren */
7:              PORTB = ~PORTB;
8:
9:              /* UNBEDINGT TCNT2 wieder zurücksetzen */
10:             TCNT2 = 0;
11:     }
12:
13:     int main(void)
14:     {
15:             /* Output Compare Match wenn TCNT2=0x0A */
16:             OCR2 = 0x0A;
17:
18:             /* Clock geteilt durch 256 = 31250 Hz Takt */
19:             TCCR2 = (1 << CS02);
20:
21:             /* Interrupt Enable, für Output Compare Match */
22:             TIMSK = (1 << OCIE2);
23:
24:             /* Alle Interrupts erlauben */
25:             sei();
26:
27:             /* Endlosschleife */
28:             while (1) ;
29:
30:             return 0;
31:     }
```

Achtung: Sie dürfen nicht vergessen, am Ende des Interrupts (siehe Zeile 10) das Register *TCNT2* auf Null zurückzusetzen. Das passiert nicht automatisch. Andererseits würde der Timer/Counter dann bis zum Überlauf weiterzählen.

2.6.3 Output-Compare-Mode für Waveform Generation

Sie können mithilfe des Output-Compare-Modes noch weitaus mehr erledigen. Der Controller unterstützt z. B. das automatische Setzen oder Löschen eines externen Pins bei einem „Compare Match". Dieses Feature eignet sich hervorragend für die einfache Generierung eines Rechtecksignals oder auch eines sogenannten PWM (Pulsweiten-Moduliertes Signal). Grafisch würde das so aussehen:

Grafik 1: TCNT2 zählt von 0 bis zu OCR2 hoch (Compare Match)

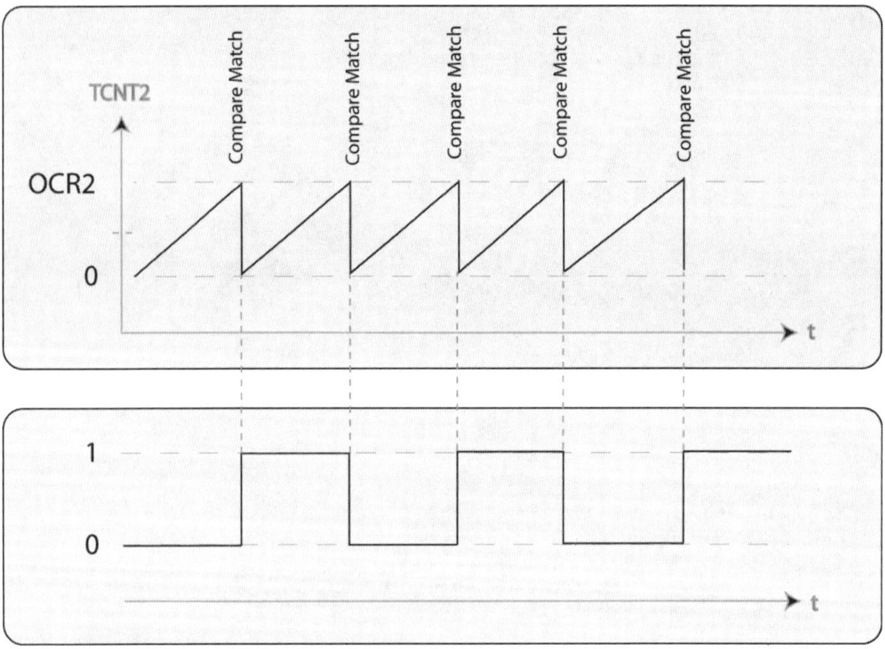

Grafik 2: Zustandsänderung auf einem externen Pin bei jedem Compare Match

Abb. 2.19: Prinzip des Waveform Generation Modes

Es gibt vier Möglichkeiten, ein Rechtecksignal zu erzeugen:

1. Normal-Mode (siehe voriges Beispiel)
2. CTC-Mode (Clear Timer on Compare Modus)
3. Fast-PWM-Mode (Schnelle Pulsweiten-Modulierung)
4. Phasenkorrekter PWM-Mode (langsamer als Fast-PWM-Mode)

2.6.4 Rechtecksignal mit CTC-Mode

Beginnen wir mit der Generierung eines einfachen Rechtecksignals mithilfe des CTC-Modus. Dieser ist sehr praktisch: Der Timer zählt so lange hoch, bis es zu einem Compare-Match kommt (TCNT2 entspricht OCR2). Dann führt der Controller eine definierte Zustandsänderung am OC2-Pin aus (bei ATmega8, Port B, Pin 3) und setzt den Zähler automatisch wieder auf 0 zurück (TCNT2=0). Somit zählt dieser Timer immer nur bis zum Compare-Wert und führt dann eine Aktion aus.

Mit dem Wert in OCR2 und der Zählgeschwindigkeit (Betriebstakt durch Teiler) wird also die Länge einer halben Periode des Rechtecks festgelegt (siehe Grafik oben).

Dazu müssen wieder einige Bits im Register TCCR2 gesetzt werden:

Mode	WGM21	WGM20	Timer/Counter Mode of Operation	TOP
0	0	0	Normal	0xFF
1	0	1	PWM, Phase Correct	0xFF
2	1	0	CTC	OCR2
3	1	1	Fast PWM	0xFF

Abb. 2.20: Waveform Generation Mode

Die Bits WGM21 und WGM20 legen den Waveform-Generation-Mode fest. Wir verwenden hier Modus 2, also CTC Mode (WGM21=1, WGM20=0).

Außerdem muss dem Controller noch erklärt werden, was er bei einem Compare-Match zu tun hat – also eine steigende oder eine fallende Flanke erzeugen. Dafür werden die Bits COM21 und COM20 benötigt.

Theoretisch ist es ja meist egal, ob man mit einer steigenden oder einer fallenden Flanke beginnt. Aus diesem Grund ist es auch am besten, wenn der Controller in unserem Fall einfach „toggelt", also den Zustand mit jedem Compare-Match umdreht (von *0* auf *1* und umgekehrt). Dazu ein kurzer Blick auf die entsprechenden Bits:

COM21	COM20	Description
0	0	Normal port operation, OC2 disconnected.
0	1	Toggle OC2 on Compare Match
1	0	Clear OC2 on Compare Match
1	1	Set OC2 on Compare Match

Abb. 2.21: Zustand von OC2 bei einem Compare-Match

Wir setzen also COM21=0 und COM20=1.

In einem Programm würde das Ganze so aussehen:

```
/*
        Einfaches Rechtecksignal mit CTC Mode
*/
#include <avr/io.h>
#include <avr/interrupt.h>

int main(void)
{
        /* Wichtig: OC2 Pin auf Ausgang schalten! */
        DDRB = 0xFF;

        /*
                TCCR2 -Konfiguration:
                Waveform-Erzeugung
                CTC Mode (also Non-PWM)
                Toggle bei Compare Match
                Clock: clk/8
        */
        TCCR2 = (1 << WGM21) | (1 << COM20) | (1 << CS21);

        /* Output Compare Match wenn TCNT2=0xAA */
        OCR2 = 0xAA;

        /* Endlosschleife */
        while (1) ;

        return 0;
}
```

2.6.5 Rechtecksignal mit Fast-PWM-Mode

Der Fast-PWM-Mode wird für die Erzeugung eines pulsweitenmodulierten Signals benötigt, also ein Signal mit unterschiedlich langen Pulsen (Zuständen). Ein PWM-Signal sieht z. B. so aus wie in Abb. 2.22 dargestellt.

In der Funktionsweise ist dies den vorherigen Beispielen sehr ähnlich. Sie legen fest, wie lange der Timer zur ersten Flankenänderung zählen muss (also TCNT2=OCR2) und ob die Flanke hier eine steigende oder eine fallende Form annehmen soll.

Im Gegensatz zum CTC-Modus läuft der Timer bei einem Compare-Match (TCNT2=OCR2) weiter bis zum Überlauf (also kein Zurücksetzen auf 0 bei TCNT2=OCR2). Beim Überlauf ändert er die Flanke wieder – und zwar genau in die andere Richtung. Die Länge einer ganzen Periode wird also alleine durch die

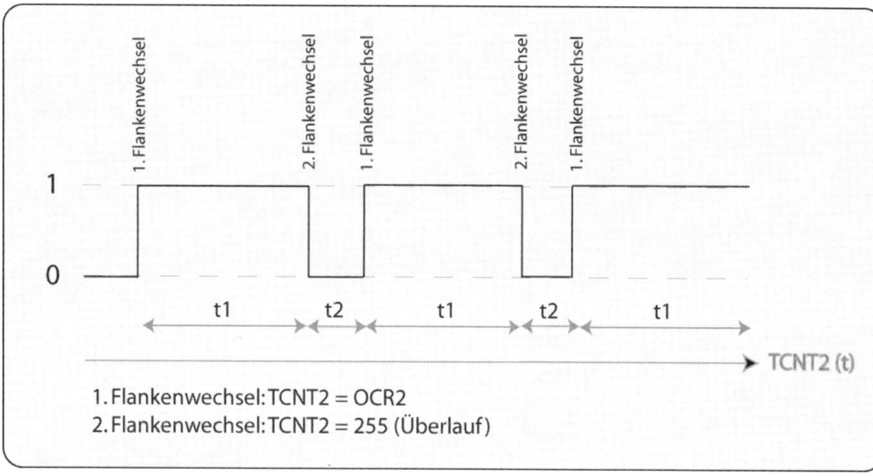

Abb. 2.22: PWM-Signal

Clock (und den entsprechenden Teiler) bestimmt. Wo innerhalb dieser Periode der erste Flankenwechsel stattfindet, wird mittels des Werts in OCR2, also dem Compare-Match-Wert, festgelegt. Die Flanke wechselt das zweite Mal dann automatisch beim Überlauf.

Zu den Bitkonfigurationen:

Als Erstes muss man wieder den Waveform-Generation-Mode setzen. Dazu wieder ein kurzer Blick auf die Bits WGM21 und WGM20 im Register TCCR2:

Mode	WGM21	WGM20	Timer/Counter Mode of Operation	TOP
0	0	0	Normal	0xFF
1	0	1	PWM, Phase Correct	0xFF
2	1	0	CTC	OCR2
3	1	1	Fast PWM	0xFF

Abb. 2.23: Waveform-Generation-Modes

Daraus ergibt sich: WGM21=1, WGM20=1.

Wie üblich werden nun die Bits COM21 und COM20 gesetzt. Hier ist jedoch Achtung geboten: Für den Fast-PWM-Mode gilt eine andere Konfigurationstabelle als vorher (siehe Abb. 2.24).

Es gibt nur die Möglichkeiten, mit einer steigenden oder mit einer fallenden Flanke zu starten. Wir wollen mit einer steigenden Flanke starten, daher wählen wir die Werte: COM21=1, COM20=1.

COM21	COM20	Description
0	0	Normal port operation, OC2 disconnected.
0	1	Reserved
1	0	Clear OC2 on Compare Match, set OC2 at BOTTOM, (non-inverting mode)
1	1	Set OC2 on Compare Match, clear OC2 at BOTTOM, (inverting mode)

Abb. 2.24: Zustand von OC2 bei Überlauf und Compare Match

Wenn TCNT2=0 dann befindet sich der Zustand *0* auf Pin OC2, wenn TCNT2=OCR2 dann der Zustand *1* auf Pin OC2.

Ein lauffähiges Programm dazu ist:

```
/*
      Einfaches PWM Signal mit Fast PWM Mode
*/
#include <avr/io.h>
#include <avr/interrupt.h>

int main(void)
{
      /* Wichtig: OC2 Pin auf Ausgang schalten! */
      DDRB = 0xFF;
      PORTB = 0x00;
      /*
            TCCR2 -Konfiguration:
            Waveform-Erzeugung
            Fast PWM Mode
            Wenn TCNT=0: OC2=0
            Wenn TCNT=OCR2: OC2=1
            Clock: clk/8
      */
      TCCR2 = (1<<WGM21)|(1<<WGM20)
 |(1<<COM21)|(1<<COM20)|(1<<CS21);

      /* Output Compare Match wenn TCNT2=0x20 */
      OCR2 = 0x20;

      /* Endlosschleife */
      while (1) ;

      return 0;
}
```

2.7 Analog-/Digitalkonverter

Der ATmega8 verfügt über einen 10-Bit-ADC, der mit einem analogen 8-Kanal-Eingangsmultiplexer verbunden ist. Somit kann der ADC eine der acht verschiedenen Eingangsspannungen messen und die Spannung in einem 10-Bit-Wert darstellen.

Aus diesem Grund würden dann z. B. 5 V am Eingang dem 10-Bit-Wert (Dezimal) „1.023“ entsprechen. 0 V am Eingang würde in den digitalen Wert *0* konvertiert werden. Wem das ein zu großer Wertebereich ist, der kann den A/D-Konverter auf eine 8-Bit-Auflösung umstellen (was in den meisten Fällen auch komplett ausreicht).

Der Ablauf einer A/D-Konvertierung sieht folgendermaßen aus:

1. Konfigurieren der ADC-Register
2. Konvertierung starten
3. Fertige Werte aus den Registern ADCH und ADCL auslesen

2.7.1 Konfigurieren der ADC-Register

Sie können zwischen zwei verschiedenen Betriebsmodi wählen:

- Free-Running-Mode
- Single-Conversion-Mode

Beim Free-Running-Mode liefert der ADC ständig neue Werte. Er stoppt nach der Konvertierung eines Werts nicht, sondern füllt die Resultatregister ständig mit den aktuellen, konvertierten Spannungswerten.

Im Single-Conversion-Mode hingegen wird nur eine einzige A/D-Wandlung vorgenommen. Nach dieser Wandlung pausiert der ADC, bis Sie ihm wieder den nächsten Befehl zur Konvertierung geben.

Beginnen wir mit der Auswahl des gewünschten Eingangskanals. Der ATmega8 unterstützt 8 Kanäle. Dazu benötigen wir das Register ADMUX:

Bit	7	6	5	4	3	2	1	0	
	REFS1	REFS0	ADLAR	–	MUX3	MUX2	MUX1	MUX0	ADMUX
Read/Write	R/W	R/W	R/W	R	R/W	R/W	R/W	R/W	
Initial Value	0	0	0	0	0	0	0	0	

Abb. 2.25: ADMUX-Register

Die Bits 0 bis 3 sind für die Auswahl des gewünschten Eingangskanals zuständig. Hier die entsprechenden Werte dazu:

ADMUX	KANAL
0000	ADC0
0001	ADC1
0010	ADC2
0011	ADC3
0100	ADC4
0101	ADC5
0110	ADC6
0111	ADC7

Abb. 2.26: Auswahl des ADC-Kanals

Es existieren jedoch noch drei weitere Konfigurationsbits im ADMUX-Register. Die Bits *REFS1* und *REFS0* erlauben die Konfiguration der „Referenzspannung". Je nach Einstellung können Sie mit REFS1 und REFS0 bestimmen, mit welcher Referenzspannung die Eingangsspannung verglichen werden soll.

Ist die Referenzspannung z. B. 3 V, entspricht eine Eingangsspannung von etwa 3 V schon dem Maximum, also einem 10-Bit-Wert von 1.023 (bzw. 255 im 8-Bit-Modus). Es stehen Ihnen dafür drei Möglichkeiten zur Auswahl:

REFS1	REFS0	VREF Einstellung
0	0	AREF, Internal V_{ref} turned off
0	1	AV_{CC} with external capacitor at AREF pin
1	0	Reserved
1	1	Internal 2.56V Voltage Reference with external capacitor at AREF pin

Abb. 2.27: Auswahl der Referenzspannung

Im Normalfall wählen Sie hier die Werte *REFS1=0* und *REFS0=1* (Vergleich mit der Versorgungsspannung, also meistens 5 V).

Das letzte Konfigurationsbit trägt den Namen „ADLAR", was ausgeschrieben *ADC Left Adjust Register* bedeutet. Die Funktion dieses Bits besteht darin, das 10-Bit-Ergebnis entweder links oder rechts in den Registern ADCH und ADCL auszurichten. Darunter kann man sich kaum etwas vorstellen, Abhilfe schafft diese Grafik in Abb. 2.28.

ADLAR=0

15	14	13	12	11	10	9	8	
–	–	–	–	–	–	ADC9	ADC8	ADCH
ADC7	ADC6	ADC5	ADC4	ADC3	ADC2	ADC1	ADC0	ADCL
7	6	5	4	3	2	1	0	

ADLAR=1

15	14	13	12	11	10	9	8	
ADC9	ADC8	ADC7	ADC6	ADC5	ADC4	ADC3	ADC2	ADCH
ADC1	ADC0	–	–	–	–	–	–	ADCL
7	6	5	4	3	2	1	0	

Abb. 2.28: ADLAR-Register

Wenn Sie also ADLAR=1 setzen, finden Sie fast das komplette Resultat im Register ADCH. Die ersten beiden Bits werden im Register ADCL gespeichert, verändern das Ergebnis aber lediglich um maximal drei Einheiten (Binär 11=3). Viele Entwickler entscheiden sich daher für ADLAR=1 und lesen nach der Konvertierung nur den Wert im Register ADCH aus.

Der Wert in ADCL würde ohnehin kaum zu einer wesentlichen Änderung des Ergebnisses führen. Man nennt diesen Betrieb auch „8-Bit-Modus“, weil man sich nur um die höheren 8 Bit des Resultats kümmert.

Nun widmen wir uns dem letzten Konfigurationsregister für den ADC, dem Register *ADCSRA* (ADC Control and Status Register). Mit diesem Register legen Sie noch ein paar letzte Einstellungen fest und können außerdem die Steuerung (Start, Stopp) der ADC-Einheit übernehmen. So sieht das Register aus:

Bit	7	6	5	4	3	2	1	0	
	ADEN	ADSC	ADFR	ADIF	ADIE	ADPS2	ADPS1	ADPS0	ADCSRA
Read/Write	R/W	R/W	R/W	R/W	R/W	R/W	R/W	R/W	
Initial Value	0	0	0	0	0	0	0	0	

Abb. 2.29: ADCSRA-Register

Beginnen wir ganz rechts. Die ersten drei Bits, ADPS0, ADPS1 und ADPS2, legen den Vorteiler fest. Sie können damit bestimmen, mit welcher Geschwindigkeit die A/D-Konvertierungen stattfinden sollen. Sie gehen dabei vom Systemtakt aus, der durch einen bestimmten Vorteiler heruntergeteilt wird. Abb. 2.30 zeigt eine Tabelle mit den entsprechenden Werten.

Hier würden die Werte ADPS2=0, ADPS1=0, ADPS0=0 einen Vorteiler von 2 festlegen, also bei einem Systemtakt von 8 MHz eine Konvertierung mit 4 MHz Takt veranlassen.

ADPS2	ADPS1	ADPS0	Vorteiler
0	0	0	2
0	0	1	2
0	1	0	4
0	1	1	8
1	0	0	16
1	0	1	32
1	1	0	64
1	1	1	128

Abb. 2.30: ADC-Verteiler

Das nächste Bit in der Reihe ist das Bit *ADIE* (ADC Interrupt Enable). Wie auch bei vielen anderen Ereignissen führt eine abgeschlossene A/D-Konvertierung zu einem Interrupt, wenn das gewünscht wird. Um den Interrupt zu aktivieren, müssen Sie dieses Bit auf *1* setzen (und generell die Ausführung von Interrupts erlauben).

Am Bit 4, *ADIF* (ADC Interrupt Flag), erkennen Sie eine abgeschlossene Konvertierung. Dieses Bit trägt den Wert 1, wenn eine Umwandlung erledigt ist. Sie müssen daher für dieses Bit zur Konfiguration keinen Wert setzen (also auf *0* lassen).

Bit 5, *ADFR* (ADC Free Running Select), bestimmt nun den Betriebsmodus des ADC. Bei einem aktivierten Free-Running-Modus liefert der ADC ständig neue Resultate. Sollten Sie das wünschen, setzen Sie dieses Bit einfach auf *1*.

Bit 6, *ADSC* (ADC Start Conversion), liefert das Startsignal für den ADC. Wenn Sie in dieses Bit eine *1* schreiben, beginnt der ADC die Konvertierung. Haben Sie den Free-Running-Modus gewählt, reicht das einmalige Setzen dieses Bits. Im Single-Conversion-Modus hingegen müssen Sie für jede Konvertierung dieses Bit erneut setzen.

Mit Bit 7, *ADEN* (ADC Enable), sind wir beim letzten und wichtigsten Bit angelangt. Dieses Bit schaltet den ADC ein (*1*) oder aus (*0*). Nicht zu verwechseln mit dem Bit 6 (ADSC) – denn wenn ADEN nicht den Wert *1* enthält, passiert gar nichts. Das Bit ADSC startet lediglich die Konvertierung an sich.

Um die graue Theorie ein wenig abzurunden, hier wieder ein kurzes Beispiel für den Free-Running-Modus:

```
#include <avr/io.h>
#include <avr/interrupt.h>

SIGNAL (ADC_vect)
{
```

```
        // ADC Resultat einlesen und als Demonstration
        // wieder auf Port B ausgeben ...
        PORTB = ADCH;
}

int main(void)
{
        // Alle Interrupts erlauben
        sei();

        // ADC, 8-Bit im Free Running Mode mit Interrupt
        // Referenzspannung: VCC
        // Takt: Systemtakt / 2 (4 MHz bei 8Mhz Quarz)
        ADMUX = (1<<REFS0) | (1<<ADLAR);
        ADCSRA = (1<<ADEN) | (1<<ADFR) | (1<<ADIE);

        // ADC starten!
        ADCSRA |= (1<<ADSC);

        // Endlosschleife
        while (1) ;

        return 0;
}
```

Der Single-Conversion-Mode könnte dann so aussehen:

```
#include <avr/io.h>

int main(void)
{
        unsigned char wert;

        // ADC, 10-Bit im Single Conversion Modus
        // Referenzspannung: VCC
        // Takt: Systemtakt / 2 (4 MHz bei 8Mhz Quarz)
        ADMUX = (1<<REFS0);
        ADCSRA = (1<<ADEN) | (1<<ADIE);

        // Endlosschleife
        while (1)
        {
                // ADC starten!
                ADCSRA |= (1<<ADSC);

                // Warten bis das ADIF Bit gesetzt ist,
                // also die Konvertierung erledigt ist.
                while ( (ADCSRA & (1<<ADIF))==0 )
                        ;

```

```
                // WICHTIG: Zuerst ADCL auslesen!
                // Und bei 10-Bit Modus immer beide Register
                // lesen!
                wert = ADCL;
                wert = ADCH; // Wir verwerfen hier also ADCL
                PORTB = wert;
        }

        return 0;
}
```

2.8 Das interne EEPROM

Bei den meisten AVR-Varianten werden Sie einen mehr oder weniger großzügig ausgefallenen EEPROM-Speicher finden. Der ATmega8 bietet Ihnen z. B. 512 Bytes Speicherplatz im EEPROM. Das entspricht nicht unbedingt einer sehr großen Datenmenge. Der wesentliche Vorteil des EEPROMs liegt jedoch darin, dass die Daten über einen stromlosen Zustand hinweg erhalten bleiben. Das EEPROM unterstützt etwa 100.000 Schreib-/Löschzyklen und eignet sich daher besonders für das Abspeichern von Konfigurationswerten, kleinen Datensätzen etc ...

Die zwei wichtigsten Funktionen sind das Schreiben und Lesen eines Bytes. Hierfür benötigen Sie wieder einige Register und müssen eine bestimmte Reihenfolge einhalten. Zu den Details finden Sie eine genaue Erklärung im Datenblatt (Beispiel: ATmega8, Seite 20). Der entsprechende Quelltext für das „Schreiben eines Bytes in das EEPROM“ sieht folgendermaßen aus:

```
void EEPROM_WriteByte(unsigned int adr, unsigned char b)
{
        /* Warten bis das EEPROM bereit ist */
        while(EECR & (1<<EEWE))
                ;

        /* Adress und Datenregister einstellen */
        EEAR = adr;
        EEDR = b;

        /* Den Schreibvorgang ankündigen EEMWE=1 */
        EECR |= (1<<EEMWE);

        /* Daten schreiben (Übernahme von EEDR ins EEPROM) */
        EECR |= (1<<EEWE);
}
```

Der Vorgang gestaltet sich so:

1. Warten bis das EEPROM bereit ist.
2. Das Adress- und Datenregister mit gewünschten Werten beschreiben.
3. Das EEPROM auf einen Schreibvorgang einstellen.
4. Datenübernahme („Schreiben") vom Datenregister in den EEPROM-Speicher.

Analog dazu das Lesen eines Bytes:

```
unsigned char EEPROM_ReadByte(unsigned int adr)
{
        /* Warten bis das EEPROM bereit ist */
        while(EECR & (1<<EEWE))
                ;

        /* Die gewünschte Leseadresse einstellen */
        EEAR = adr;

        /* Daten vom EEPROM ins EEDR Register lesen */
        EECR |= (1<<EERE);

        /* Inhalt des EEDR Registers zurückgeben */
        return EEDR;
}
```

Der Vorgang ist ähnlich dem des Schreibens und wird daher mit den einzelnen Kommentarzeilen gut erklärt.

Der Vollständigkeit halber folgt hier noch ein kurzes Programm. Es liest Daten von Port B und schreibt diese anschließend in das EEPROM. Danach werden diese Werte wieder vom EEPROM gelesen und zurück auf Port B ausgegeben:

```
int main(void)
{
        char i;

        DDRB = 0x00; /* Einlesen auf PORTB */

        for (i=0;i<10;i++)
        {
                // Aktuellen Wert von Port B lesen und ins
                // EEPROM speichern...
                EEPROM_WriteByte(i, PINB);
        }

        DDRB = 0xFF; /* Schreiben auf PORTB */

        for (i=0;i<10;i++)
        {
                // 10 Werte aus dem EEPROM lesen und
```

```
                // auf PORTB wieder ausgeben
                PORTB = EEPROM_ReadByte(i);
        }
        return 0;
}
```

2.9 Watchdog-Timer

Stellen Sie sich folgendes Szenario vor:

Sie haben in den letzten Wochen Abend für Abend an Ihrer gut durchdachten Dunstabzugssteuerung getüftelt und nun endlich alles vom „fliegenden Aufbau“ in ein schönes Gehäuse transportiert. Die ersten Tests mit dem Dunstabzug verlaufen wie erwartet, alles funktioniert prima. Ihre Entwicklung wird anschließend komplett eingebaut und montiert, die Schaltung wird in Betrieb genommen. Die ersten zwei Tage sind Sie natürlich stolz, denn Ihre Eigenentwicklung kann locker mit aktuellen Industrieprodukten mithalten. Am dritten Tag werden Sie mitten in der Nacht von einem laut summenden Geräusch geweckt. Der Dunstabzug hat sich selbst aktiviert und läuft nun auf Hochbetrieb. Verzweifelt versuchen Sie an die Elektronik zu kommen, aber da Sie das nötige Werkzeug nicht zur Hand haben, hilft nur der Hauptstromschalter.

Auch wenn dieses Beispiel eher harmlos ist, können solche Störungen in manch anderen Projekten ein durchaus ernstes Problem darstellen. Meist ist dann genau jene Art von Fehler im Spiel, die durch „externe Einflüsse“ verursacht werden. Dazu zählen etwa Leitungsbrummen bzw. -übersprechen, Überspannung, kurzfristige Versorgungsprobleme, kalte Lötstellen usw.

Es gibt zahlreiche Möglichkeiten, warum Ihr Programm in Benutzung abstürzen kann, während im Testbetrieb alles problemlos funktionierte. Sie sollten natürlich versuchen, vorausschauend zu programmieren. Alle möglichen Fehlfunktionen werden Sie aber selten berücksichtigen können.

Der Watchdog-Timer ist hier eine intelligente Lösung. Frei übersetzt handelt es sich dabei um einen „Wachhund“. Sollte sich Ihr Programm aufhängen oder nicht mehr reagieren, erkennt der Wachhund dies automatisch und führt einen Reset durch. In den meisten Fällen ist danach wieder alles in Ordnung. Vor allem dann, wenn man nicht, wie im Beispiel des Dunstabzuges, einfach die Stromzufuhr über einen Schalter abschalten kann, ist ein automatischer Reset eine hilfreiche Lösung.

Nachdem Sie den Wachhund aktiviert haben, erwartet dieser in bestimmten Zeitabständen ein kurzes „Lebenssignal“ vom Programm. Kommt dieses Zeichen nicht, geht er davon aus, dass sich die Software aufgehängt hat. Daraufhin führt er automatisch einen Reset durch. Um das Ganze etwas präziser auszudrücken: Der Watchdog-Timer ist, wie der Name schon sagt, ein Timer bzw. Zähler. Er zählt in einer bestimmten Frequenz einen Wert hoch. Kommt es zum Überlauf, wird ein Reset ausgeführt.

Ihre Aufgabe ist es, diesen Zählerwert vor dem Überlauf auf 0 zurückzusetzen. Die Zählgeschwindigkeit können Sie über einen Vorteiler regeln.

Für die Verwendung des Watchdog-Timers gibt es eine einfache Bibliothek. Sie trägt den Namen „avr/wdt.h". Mithilfe dieser Include-Datei besteht die Steuerung des Watchdogs lediglich aus 3 Befehlen:

- wdt_enable(timeout);
- wdt_reset();
- wdt_disable();

Mit wdt_enable() aktivieren Sie den Watchdog. Als Parameter müssen Sie dieser Funktion noch den gewünschten Time-out Wert übergeben. Den entsprechenden Wert finden Sie in folgender Auflistung:

- WDTO_15MS
- WDTO_30MS
- WDTO_60MS
- WDTO_120MS
- WDTO_250MS
- WDTO_500MS
- WDTO_1S
- WDTO_2S
- WDTO_4S
- WDTO_8S

Achtung: Die Werte WDTO_4S und WDTO_8S stehen nur für bestimmte Varianten zur Verfügung (funktionieren nicht mit dem ATmega8). Der AVRGCC-Compiler macht Sie aber automatisch mit einer Fehlermeldung darauf aufmerksam, wenn Ihr verwendeter Controller die vier oder acht Sekunden langen Time-outs nicht unterstützt.

Die Funktion wdt_disable() deaktiviert den Watchdog wieder.

Sie müssen nach der erfolgreichen Aktivierung des Wachhundes innerhalb des Time-outs den Zähler zurücksetzen. Dies geschieht mit der Funktion wdt_reset().

Hier ein Beispiel für die Verwendung eines Watchdog-Timers:

```
1:  #define F_CPU     3686000 /* Für delay.h */
2:  #include <avr/io.h>
3:  #include <util/delay.h>
4:  #include <avr/wdt.h>
5:
6:  int main(void)
7:  {
8:        char i;
9:
10:       /* LED(s) an Port B kurz blinken lassen ... */
11:       DDRB = 0xFF;
12:       PORTB = 0xFF;
13:       for (i=0;i<10;i++) _delay_ms(100);
14:       PORTB = 0x00;
15:       for (i=0;i<10;i++) _delay_ms(100);
16:
17:       /* Watchdog einschalten, 2 Sekunden Time-Out */
18:       wdt_enable(WDTO_2S);
19:
20:       while (1)
21:       {
22:             // Kommentieren Sie folgende Zeile aus um
23:             // den Watchdog-Reset zu testen ...
24:             wdt_reset();
25:       }
26: }
```

Zur Veranschaulichung sollten Sie eine LED an Port B anschließen. Diese wird nach einem Reset kurz blinken. Im Beispiel oben wird es nur einmal passieren, denn der Controller bekommt rechtzeitig das Lebenszeichen (in Zeile 24). Es kommt somit nie zum Time-out.

Kommentieren Sie nun einmal Zeile 24 aus. Der Zähler wird nun nicht mehr zurückgesetzt. Es kommt zu einem Überlauf und der Watchdog führt alle paar Sekunden einen Reset durch. Die LED dürfte dann etwa alle 3–4 Sekunden kurz blinken.

Wichtig: Die Zählfrequenz des Watchdog-Timers wird über einen RC-Oszillator erzeugt. Dieser Oszillator kann unter Umständen von den angegebenen Frequenzen (je nach Betriebsspannung) stark abweichen. Verlassen Sie sich daher nicht auf die Time-out-Werte. Es kann hier durchaus zu größeren Schwankungen kommen.

3 Eine Einführung in Assembler

3.1 Was ist Assembler?

Die Programmiersprache *Assembler* erlaubt Ihnen, direkt mit dem Prozessor zu kommunizieren. Es gibt einen limitierten Satz an Befehlen, die vom Mikrocontroller verstanden werden. Sie finden im Anhang die komplette Übersicht dieser unterstützten Befehle. Je nach Prozessor stehen Ihnen mehr oder weniger Befehle zur Verfügung.

Die Anweisungen selbst sind einfach zu verstehen und schnell erklärt. Die wirkliche Herausforderung besteht hier weniger im Erlernen der Sprache, sondern vielmehr in der Umsetzung Ihrer Ideen mithilfe dieser Befehle.

Um gute Software schreiben zu können, müssen Sie den Prozessor verstehen. Da hilft Ihnen auch eine Hochsprache nicht. Assembler ermöglicht es, im Detail zu erlernen, wie der Prozessor funktioniert und vor allem, wie man reine „Ideen" in ausführbaren Code wandelt. Vor allem bei der Mikrocontroller-Programmierung zeigt Assembler seine besonderen Vorzüge:

1. Geschwindigkeit (die meisten Befehle benötigen nur einen Systemtakt)
2. Optimale Nutzung des Speichers (sehr kleiner Programmcode)
3. Prozessornahe Entwicklung (man weiß Schritt für Schritt genau, was passiert)

3.2 Der Befehlssatz

Auf den folgenden Seiten finden Sie die komplette Auflistung aller zur Verfügung stehenden Assemblerbefehle.

3.2.1 Arithmetische und logische Operationen

Befehl	Operanden	Beschreibung	Zyklen
ADD	Rd, Rr	Add without Carry	1
ADC	Rd, Rr	Add with Carry	1
ADIW	Rd, K	Add Immediate to Word	2
SUB	Rd, Rr	Subtract without Carry	1
SUBI	Rd, K	Subtract Immediate	1
SBC	Rd, Rr	Subtract with Carry	1
SBCI	Rd, K	Subtract Immediate with Carry	1
SBIW	Rd, K	Subtract Immediate from Word	2
AND	Rd, Rr	Logical AND	1
ANDI	Rd, K	Logical AND with Immediate	1
OR	Rd, Rr	Logical OR	1
ORI	Rd, K	Logical OR with Immediate	1
EOR	Rd, Rr	Exclusive OR	1
COM	Rd	One's Complement	1
NEG	Rd	Two's Complement	1
SBR	Rd,K	Set Bit(s) in Register	1
CBR	Rd,K	Clear Bit(s) in Register	1
INC	Rd	Increment	1
DEC	Rd	Decrement	1
TST	Rd	Test for Zero or Minus	1
CLR	Rd	Clear Register	1
SER	Rd	Set Register	1
CP	Rd,Rr	Compare	1
CPC	Rd,Rr	Compare with Carry	1
CPI	Rd,K	Compare with Immediate	1

3.2.2 Branch Operationen

Befehl	Operanden	Beschreibung	Zyklen
RJMP	k	Relative Jump	2
IJMP		Indirect Jump to (Z)	2
JMP	k	Jump	3
RCALL	k	Relative Call Subroutine	3
ICALL		Indirect Call to (Z)	3
CALL	k	Call Subroutine	4

Befehl	Operanden	Beschreibung	Zyklen
RET		Subroutine Return	4
RETI		Interrupt Return	4
CPSE	Rd,Rr	Compare, Skip if Equal	1 / 2 / 3
SBRC	Rr, b	Skip if Bit in Register Cleared	1 / 2 / 3
SBRS	Rr, b	Skip if Bit in Register Set	1 / 2 / 3
SBIC	P, b	Skip if Bit in I/O Register Cleared	1 / 2 / 3
SBIS	P, b	Skip if Bit in I/O Register Set	1 / 2 / 3
BRBS	s, k	Branch if Status Flag Set	1 / 2
BRBC	s, k	Branch if Status Flag Cleared	1 / 2
BREQ	k	Branch if Equal	1 / 2
BRNE	k	Branch if Not Equal	1 / 2
BRCS	k	Branch if Carry Set	1 / 2
BRCC	k	Branch if Carry Cleared	1 / 2
BRSH	k	Branch if Same or Higher	1 / 2
BRLO	k	Branch if Lower	1 / 2
BRMI	k	Branch if Minus	1 / 2
BRPL	k	Branch if Plus	1 / 2
BRGE	k	Branch if Greater or Equal, Signed	1 / 2
BRLT	k	Branch if Less Than, Signed	1 / 2
BRHS	k	Branch if Half Carry Flag Set	1 / 2
BRHC	k	Branch if Half Carry Flag Cleared	1 / 2
BRTS	k	Branch if T Flag Set	1 / 2
BRTC	k	Branch if T Flag Cleared	1 / 2
BRVS	k	Branch if Overflow Flag is Set	1 / 2
BRVC	k	Branch if Overflow Flag is Cleared	1 / 2
BRIE	k	Branch if Interrupt Enabled	1 / 2
BRID	k	Branch if Interrupt Disabled	1 / 2

3.2.3 Datentransfer-Operationen

Befehl	Operanden	Beschreibung	Zyklen
MOV	Rd, Rr	Copy Register	1
LDI	Rd, K	Load Immediate	1
LDS	Rd, k	Load Direct from SRAM	3
LD	Rd, X	Load Indirect	2
LD	Rd, X+	Load Indirect and Post-Increment	2
LD	Rd, -X	Load Indirect and Pre-Decrement	2

Befehl	Operanden	Beschreibung	Zyklen
LD	Rd, Y	Load Indirect	2
LD	Rd, Y+	Load Indirect and Post-Increment	2
LD	Rd, -Y	Load Indirect and Pre-Decrement	2
LDD	Rd,Y+q	Load Indirect with Displacement	2
LD	Rd, Z	Load Indirect	2
LD	Rd, Z+	Load Indirect and Post-Increment	2
LD	Rd, -Z	Load Indirect and Pre-Decrement	2
LDD	Rd, Z+q	Load Indirect with Displacement	2
STS	k, Rr	Store Direct to SRAM	3
ST	X, Rr	Store Indirect	2
ST	X+, Rr	Store Indirect and Post-Increment	2
ST	-X, Rr	Store Indirect and Pre-Decrement	2
ST	Y, Rr	Store Indirect	2
ST	Y+, Rr	Store Indirect and Post-Increment	2
ST	-Y, Rr	Store Indirect and Pre-Decrement	2
STD	Y+q,Rr	Store Indirect with Displacement	2
ST	Z, Rr	Store Indirect	2
ST	Z+, Rr	Store Indirect and Post-Increment	2
ST	-Z, Rr	Store Indirect and Pre-Decrement	2
STD	Z+q,Rr	Store Indirect with Displacement	2
LPM		Load Program Memory	3
IN	Rd, P	In Port	1
OUT	P, Rr	Out Port	1
PUSH	Rr	Push Register on Stack	2
POP	Rd	Pop Register from Stack	2

3.2.4 Bit- und Überprüfungsoperationen

Befehl	Operanden	Beschreibung	Zyklen
LSL	Rd	Logical Shift Left	1
LSR	Rd	Logical Shift Right	1
ROL	Rd	Rotate Left Through Carry	1
ROR	Rd	Rotate Right Through Carry	1
ASR	Rd	Arithmetic Shift Right	1
SWAP	Rd	Swap Nibbles	1
BSET	s	Flag Set	1
BCLR	s	Flag Clear	1

Befehl	Operanden	Beschreibung	Zyklen
SBI	P, b	Set Bit in I/O Register	2
CBI	P, b	Clear Bit in I/O Register	2
BST	Rr, b	Bit Store from Register to T	1
BLD	Rd, b	Bit load from T to Register	1
SEC		Set Carry	1
CLC		Clear Carry	1
SEN		Set Negative Flag	1
CLN		Clear Negative Flag	1
SEZ		Set Zero Flag	1
CLZ		Clear Zero Flag	1
SEI		Global Interrupt Enable	1
CLI		Global Interrupt Disable	1
SES		Set Signed Test Flag	1
CLS		Clear Signed Test Flag	1
SEV		Set Two's Complement Overflow	1
CLV		Clear Two's Complement Overflow	1
SET		Set T in SREG	1
CLT		Clear T in SREG	1
SEH		Set Half Carry Flag in SREG	1
CLH		Clear Half Carry Flag in SREG	1
NOP		No Operation	
SLEEP		Sleep	1
WDR		Watchdog	1

Zur Erklärung der Operanden-Notation:

- Rd: Zielregister
- Rr: Quellregister
- R: Resultat der Operation
- K: 8-Bit-Daten (Konstante)
- k: Sprungadresse (Konstante)
- b: Bit eines Registers oder I/O-Registers
- s: Bit eines Statusregisters

Der komplette Befehlssatz ist in vier Teilbereiche untergliedert:

- Arithmetische und logische Operationen
- Branch-Operationen (Verzweigungen)
- Datentransfer-Operationen
- Bit- und Überprüfungsoperationen

Durch diese Unterteilung wird der Umfang des Befehlssatzes überschaubarer. Außerdem gibt es viele Instruktionen, die nur eine Variante eines Befehls darstellen (Beispiel: Es gibt 20 Varianten des Branch-Befehls).

3.3 Erste Schritte

Zu diesem Zeitpunkt gehen wir davon aus, dass Ihr Compilersystem installiert ist und Ihr Entwicklungsboard (oder der Simulator) erfolgreich verbunden und getestet wurde.

Die wichtigsten Eigenschaften von Assembler:

- Die Befehle basieren auf der RISC-Architektur. Ihnen steht daher nicht der Standard-8051-Befehlssatz zur Verfügung, sondern ein auf Geschwindigkeit optimierter Satz an Operationen.
- Nichts passiert „gleichzeitig“. Es wird sequenziell ein Befehl nach dem anderen ausgeführt.
- Als Zwischenspeicher für Operationen verwenden Sie sogenannte *Register.*
- Um einen Wert auf einen Port auszugeben, müssen Sie diesen Wert zuerst in ein Register übernehmen und von dort an den Port weitergeben. Mehr dazu gleich in den ersten Beispielen.
- Kommentare werden mit dem Semikolon eingeleitet und beanspruchen immer den Rest der Zeile.
- Assemblerbefehle unterscheiden nicht zwischen Groß- und Kleinschreibung.

Nun zum ersten Beispiel:

```
.include "m16def.inc" ; Definitionsdatei einbinden

        ldi r16, 0xFF ; Register 16 mit Wert 0xFF laden
        out DDRB, r16 ; Wert von Register 16 auf DDRB schreiben

        ldi r16, 0xAA ; Register 16 mit Wert 0xAA laden
        out PORTB, r16 ; Wert von R16 auf PORTB schreiben

end: rjmp end ; Endlosschleife
```

Es ist richtig, dass sich Assembler nicht gerade durch eindeutige, klar verständliche Befehlsbezeichnungen hervorhebt, aber die Erklärung ist einfacher als man denkt:

Jeder Assemblerbefehl hat folgendes Format:

BEFEHL Operand1, Operand2

Operand1 und *Operand2* können dabei, je nach Befehl, optional sein. Es gibt also Befehle, die nur einen Operand benötigen (Beispiel: *INC*), oder auch welche, wo gar kein Operand benötigt wird (Beispiel: *RET*).

Die erste Zeile des Beispiels werden Sie in jedem Ihrer Programme verwenden. Sie ermöglicht dem Assembler, neben seinen eigenen Befehlen auch die prozessorspezifischen Bezeichnungen Ihres verwendeten Mikrocontrollers zu verstehen.

So besitzt z. B. nicht jeder Controller einen *Port C*. Je nachdem, welchen Controller Sie verwenden, ergibt sich eine andere include-Anweisung. Es ändert sich lediglich der Dateiname von *m16def.inc* auf eine an Ihren Prozessor angepasste Version:

Modell	Include-Datei
AT90S1200	1200def.inc
AT90S2313	2313def.inc
AT90S2323	2323def.inc
ATmega8	m8def.inc
ATmega16	m16def.inc
ATmega32	m32def.inc
ATmega48	m48def.inc
ATmega64	m64def.inc
ATmega128	m128def.inc
ATtiny11	tn11def.inc
ATtiny12	tn12def.inc
ATtiny13	tn13def.inc
ATtiny15	tn15def.inc

Zurück zum Beispiel, denn dort geht es bereits in Zeile 3 zur Sache. Sie finden in dieser Zeile den Befehl *ldi*, der eigentlich *Load Immediate*, oder „Lade die Zahl sofort in das Register ..." bedeutet.

Wie sieht es hier mit der Reihenfolge aus? Warum wird zuerst „R16" und dann die Zahl geschrieben? Am einfachsten merken Sie sich: „Erst das Ziel, dann die Quelle". So verhält es sich bei den meisten Befehlen, die Sie im Rahmen der Assemblerprogrammierung vorfinden werden. In Register 16 befindet sich jetzt der Wert *0xFF*. Das Register ist also „geladen". Als Nächstes „schießen" Sie diese Ladung hinaus, und zwar auf das Datenrichtungsregister für Port B, *DDRB*. Das geschieht mit dem Befehl *out*. Wieder gilt: „Zuerst das Ziel, dann die Quelle".

Warum verwenden wir nicht den Befehl *ldi*, um auf *DDRB* zu schreiben? Dies mag etwas verwirrend klingen und ist eine Eigenheit von Assembler: (Be-)Laden können

Sie nur ein „Arbeitsregister“. Dies kann ein beliebiges Register von R0 bis R31 sein. Man nennt diese Register auch „Hilfsregister“ oder „Zwischenspeicher“. Sie werden schnell ein Gefühl dafür bekommen, aber generell gilt: „Laden“ funktioniert nur bei den Registern R0 bis R31. Für alle anderen Register verwenden Sie *out*.

Was ist bis jetzt mit dem Prozessor passiert? Sie haben das Datenrichtungsregister von Port B auf Ausgang, also 0xFF gesetzt. Das heißt, man kann nun auch ein Zeichen auf diesen Port schreiben.

Genau das passiert in den Zeilen 6 und 7. Sie kennen die Prozedur bereits: Erst ein Hilfsregister beladen (hier: R16, könnte aber auch z. B. R24 sein), dieses Register mittels *out* auf das Zielregister schreiben. In Ihrem Fall wäre das der Port B.

Zeile 9 glänzt gleich mit zwei wichtigen Punkten: einer Sprungmarke und einer Sprunganweisung. In dieser Konstellation entspricht das einer „Endlosschleife“. Sie können an allen Stellen in Ihrem Programm eine Sprungmarke definieren. Sie geben damit einem bestimmten Platz in Ihrem Code einen Namen. Später können Sie dann auf diese Marke „springen“. Das heißt, der Code wird von dieser Stelle weiter ausgeführt. Zum Beispiel wäre es sinnvoll, eine Marke ganz am Anfang des Programms zu platzieren. So könnte man am Ende wieder zurück an den Anfang springen. Das Programm würde sich dann also ewig wiederholen.

Eine Marke ist einfach zu definieren. Sie überlegen sich einen Namen, der nicht einem Befehl, einem Register oder einer anderen Sprungmarke entspricht. Diesen Namen schreiben Sie an den gewünschten Platz und versehen ihn mit einem Doppelpunkt. Das könnte z. B. so aussehen:

```
1:   .include "m16def.inc"
2:
3:   init:
4:           ldi r16, 0xFF
5:           out DDRB, r16
6:
7:   ausgabe:
8:           ldi r16, 0xAA
9:           out PORTB, r16
10:
11:  end:
12:          rjmp ausgabe
```

In diesem Beispiel sind drei verschiedene Sprungmarken zu erkennen.

Um auf eine dieser Sprungmarken zu springen, verwenden Sie einen sogenannten Jump. Es gibt verschiedene Ausführungen dieses Befehls, die, je nach „Sprungweite“, ausgewählt werden. Merken Sie sich vorerst nur die hier verwendete Version *rjmp*, was so viel wie „relativer Sprung“ bedeutet. Mithilfe dieses Befehls springt der Prozessor dann an die Stelle, wo die angegebene Sprungmarke definiert ist.

Im ersten Beispiel würde das ein Sprung an dieselbe Stelle sein, von wo dieser Sprung ausgelöst wurde. Im zweiten Beispiel würde der Prozessor zu Zeile 7 springen und erneut den Wert *0xAA* auf Port B ausgeben. Auch dieser Vorgang würde sich mit Zeile 12 ständig wiederholen.

Vertiefen wir das Beispiel noch um eine weitere Funktion, dem Einlesen von Zuständen an den Ports:

```
1:   .include "m16def.inc"
2:
3:   konfiguration:
4:         ldi r16, 0x00 ; Port B auf Eingang schalten
5:         out DDRB, r16
6:         ldi r17, 0xFF ; Port A auf Ausgang schalten
7:         out DDRA, r17
8:
9:   einlesen:
10:        in r16, PINB ; Wert von Port B auf R16 einlesen
11:        out PORTA, r16 ; Diesen Wert auf Port A schreiben
12:
13:        rjmp einlesen ; Wiederholen
```

Port B wird als Eingang definiert, Port A als Ausgang. Anschließend wird der aktuell anliegende Zustand von Port B gelesen, in Register 16 zwischengespeichert und sofort wieder auf Port A ausgegeben. Der jump in Zeile 13 wiederholt diese Prozedur endlos.

Dieses Beispiel eignet sich sehr gut für den Simulator. Sie können einfach und anschaulich die Werte von Port B ändern und sehen zwei bis drei Schritte später schon die Änderungen auf Port A. Es handelt sich also um sehr einfaches Beispiel. Die wesentlichste Neuerung findet sich in Zeile 10 mit dem Befehl *in*. Er funktioniert genau wie *out*, ebenso die Parameterordnung „Erst Ziel, dann Quelle“.

Wichtig: Sie können hier nicht schreiben: *in PORTA, PINB*. Sie benötigen für solche Befehle immer einen Zwischenschritt, um das Ergebnis in einem Hilfsregister zu speichern.

Das letzte Beispiel dieses Abschnitts:

```
.include "m16def.inc"

konfiguration:
      ldi r16, 0xFF ; Port B auf Ausgang schalten
      out DDRB, r16
```

```

        ldi r20, 0xF0
        out PORTB, r20 ; Die Hälfte der Pins auf Port B setzen

        sbi PORTB, 3 ; 3. Pin auf Port B setzen
        cbi PORTB, 7 ; 7. Pin auf Port B löschen

endlos:     rjmp endlos
```

Sie erkennen zwei neue Befehle: „sbi“ und „cbi“, oder: „Set Bit“ und „Clear Bit“. Mit diesen Anweisungen können Sie jetzt auch direkt auf bestimmte Pins eines Ports zugreifen. Sie erinnern sich: „in“ und „out“ verlangen bzw. liefern jeweils einen 8-Bit-Wert, also den Zustand eines ganzen Ports. Mit diesen neuen Befehlen können Sie nun die Zustände einzelner Pins verändern.

Empfehlungen (von http://www.avr-asm-tutorial.net) zur Registerwahl:

- Register wenn möglich mit der .DEF-Anweisung festlegen.
- 16-Bit-Zähler oder Ähnliches realisiert man am besten in R24/R25.
- Werden oft konstante Werte oder Zugriffe auf einzelne Bits in einem Register verwendet, die Register R16 bis R23 dafür vorzugsweise reservieren.
- Für alle anderen Anwendungsfälle vorzugsweise R1 bis R15 verwenden.

Zusammenfassung: Sie wissen nun, wie man Hilfsregister verwendet, um mittels der Befehle *in* und *out* auf die Ports zu schreiben. Sie können mit Sprungmarken umgehen und Endlosschleifen erstellen. Schließlich haben Sie noch gelernt, wie Sie auf einzelne Pins zugreifen können, um deren Zustand zu ändern.

3.4 Unterprogramme

Nachdem Sie nun die ersten Schritte in Assembler hinter sich haben, sehen wir uns sogenannte „Unterprogramme“ näher an:

```
.include "m16def.inc"

; ------ Stack einrichten ------
        ldi R16, HIGH(RAMEND)
        out SPH,R16
        ldi R16, LOW(RAMEND)
        out SPL,R16

        rcall setup

; ------ Hauptprogramm ------
hauptprogramm:
```

```
13:         rcall clearport
14:         rcall setport
15:         rjmp hauptprogramm
16:
17:  ; ------ Unterprogramme ------
18:  setup:
19:         ldi R16, 0xFF
20:         out DDRB, R16
21:         ret
22:
23:  clearport:
24:         ldi R16, 0x00
25:         out PORTB, R16
26:         ret
27:
28:  setport:
29:         ldi R16, 0xFF
30:         out PORTB, R16
31:         ret
```

Leider ist der erste Blick auf ein Assemblerprogramm sehr verwirrend.

In Zeile 3 wird angekündigt: *Stack einrichten*. Ein Stack, also ein „Stapel", ist im Wesentlichen nichts anderes als ein Zwischenspeicher, in dem ein Element auf das andere „gestapelt" wird.

Wie aber konfiguriere ich nun mein Assemblerprogramm, dass es diesen Stack verwenden kann? Dazu muss man zu Beginn des Programms dem Assembler mitteilen, wo genau der Stackspeicher beginnen soll, also eine bestimmte Speicheradresse benennen. Die folgende Grafik zeigt Ihnen den Aufbau des Adressraums:

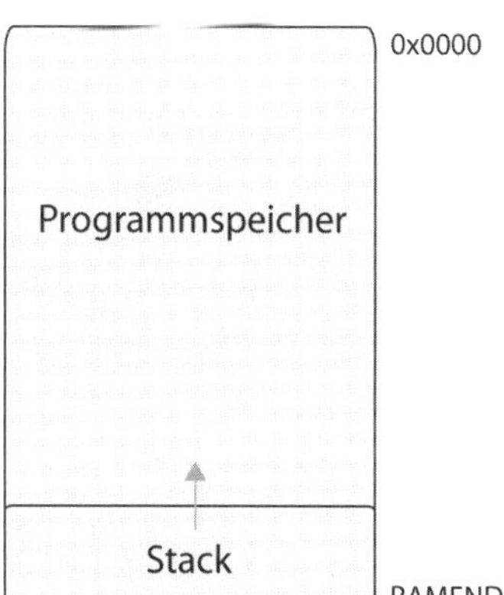

Abb. 3.1: Aufbau des Speichers

Da der gesamte zur Verfügung stehende Speicher mehr als 256 Byte fassen kann, benötigt man zur Adressierung auch einen Wert größer als 8 Bit, also 16 Bit. Um in Assembler einen 16-Bit-Wert darzustellen, verwendet man einfach zwei 8-Bit-Register, ein sogenanntes *Low*- und ein *High*-Register. Das *Low*-Register enthält die unteren 8 Bit des 16-Bit-Adresswerts, das *High*-Register folglich die höheren 8 Bit.

Für den Stack stehen hier zwei besondere Register zur Verfügung: *SPH* (Stack Pointer High) und *SPL* (Stack Pointer Low). Diese beiden Register zeigen gemeinsam auf die Adresse, an der der Stack beginnen kann.

Kurioserweise setzen wir diesen Adresszeiger genau auf das letzte Byte im Speicher. Dort beginnt der Stack. Der Stack „frisst" sich rückwärts in den Speicher. Mit jedem Byte, das im Stack landet, wächst der Stack um ein Byte und erweitert sich rückwärts in den Adressraum. Sie erkennen das in der eben gezeigten Grafik.

Zeile 4 bis Zeile 7 können Sie daher eigentlich immer so verwenden wie angeführt. Wir gehen hier nicht weiter auf die Details ein.

Die nächste Anweisung wartet in Zeile 9: *rcall* bzw. *relative call*. Den *relative jump* kennen Sie bereits. Der *relative call* ist im Prinzip ähnlich und springt einfach an eine angegebene Sprungmarke. Der Unterschied zu *rjmp* liegt darin, dass sich der Prozessor bei einem *jump* nicht merkt, von wo er weggesprungen ist. Das kann eine beliebige Stelle im Programmcode gewesen sein.

Ganz anders bei einem *rcall*. Hier merkt sich der Prozessor die Stelle, von der er wegspringt. Warum er das tut, sehen wir in Zeile 21. Dort befindet sich ein Befehl mit dem Namen *ret* oder ausgeschrieben *return*. Dieser Befehl weist den Prozessor an, an die Stelle zurückzuspringen, von der er eben weggesprungen ist. Diesen Vorgang nennt man auch „Aufruf eines Unterprogramms". Wir teilen dem Prozessor mit: „Springe zu einer Sprungmarke, führe den Code dort so lange aus, bis du auf ein *return* triffst und springe dann wieder zurück."

Sie haben im oben angeführten Beispiel gleich drei dieser Unterprogramme verwendet. So wird *setup* nur zu Beginn einmal ausgeführt, jedoch werden *clearport* und *setport* in einer Schleife endlos nacheinander gestartet. Eine Funktion wie *setup* werden Sie öfters benötigen, vor allem bei einer komplexeren Konfigurationsroutine zu Beginn des Programms (Beispiele: Setup eines Displays, Einrichten des externen Speichers etc.).

Aber warum musste dann zu Beginn der Stack initialisiert werden? Wir haben ihn ja gar nicht verwendet?! Der Prozessor merkt sich bei einem *rcall* die Absprungadresse. Und genau dafür benötigt er einen Speicher, nämlich den Stack.

Sie könnten daher innerhalb eines Unterprogramms einen weiteren *rcall* ausführen. Dies würde eine weitere „Absprungadresse" auf den Stapel legen. Darum nennt

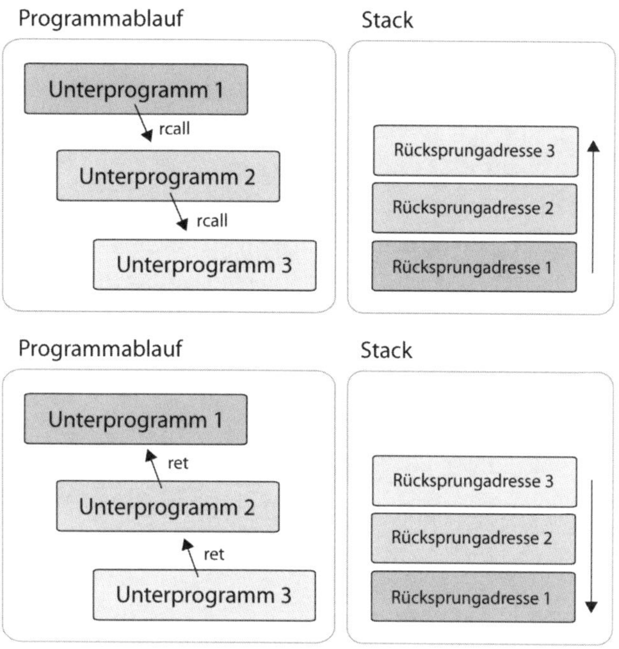

Abb. 3.2: Speicherung der Rücksprungadressen

man diesen Speicher auch einen „Stapel" – denn man nimmt zuerst die Bytes vom Stapel, die man zuletzt dort platziert hat.

Sie sehen an der Grafik: Mit jedem Aufruf eines Unterprogramms muss sich der Prozessor eine Speicheradresse merken. Der Prozessor verarbeitet alle Vorgänge seriell. Aus diesem Grund muss auch das zuletzt aufgerufene Unterprogramm zuerst einen *return* ausführen, damit der Prozessor über die anderen Unterprogramme wieder zurück an die Ursprungsadresse gelangen kann.

3.5 Bedingte Sprünge

Auch wenn der Ausdruck „bedingter Sprung" seltsam klingt, gehört diese Technik zu den mächtigsten Werkzeugen der Programmierung. Anders gesagt bedeutet diese Aussage lediglich: Entweder der Prozessor führt einen Sprung aus oder eben nicht. Diese Entscheidung hängt von der Bedingung ab, an die diese Überprüfung geknüpft ist.

Nähern wir uns dem Thema mit einem Beispiel:

```
1:   .include "m16def.inc"
2:
3:   ; ------ Stack einrichten ------
4:         ldi R16, HIGH(RAMEND)
5:         out SPH,R16
6:         ldi R16, LOW(RAMEND)
7:         out SPL,R16
8:
9:   hauptprogramm:
10:        rcall setup
11:
12:  loop1:
13:        sbis PINB, 0
14:        rjmp loop1
15:
16:        ldi R16, 0xFF ; Port B auf Ausgang
17:        out DDRB, R16
18:        ldi R16, 0xFF ; Alle Bits setzen
19:        out PORTB, R16
20:
21:        rjmp hauptprogramm
22:
23:  setup:
24:        ldi R16, 0x00 ; Port B auf Eingang
25:        out DDRB, R16
26:        ret
```

Der einzige Befehl, der Ihnen fremd vorkommen wird, ist in Zeile 13 *sbis* (Skip next instruction if bit is set). Wenn der Pin 0 an Port B gesetzt ist, wird die nachfolgende Anweisung übersprungen. Diese Anweisung wäre ein *rjmp*, der zurück in Zeile 12 und anschließend wieder in Zeile 13 führen würde.

Untersuchen wir diese Funktionsweise etwas genauer: Es handelt sich um eine Schleife, die kontinuierlich läuft, solange Pin 0 an Port B nicht gesetzt ist. Sobald dieser Pin gesetzt wird, wird der rjmp-Befehl übersprungen und das Programm setzt den Ablauf in Zeile 16 fort.

Der praktische Nutzen für eine solche Funktion ist einfach: Nehmen Sie an, Sie haben an Pin 0 einen Schalter angebracht. Das Programm soll nichts unternehmen, solange dieser Schalter nicht aktiviert wurde. Sobald der Schalter umgelegt wird, Pin 0 dann also gesetzt ist, beginnt Ihr eigentliches Programm zu laufen (und verlässt die Schleife).

Sollten Sie die umgekehrte Funktionsweise wünschen, also ein *skip next instruction if bit is cleared*, verwenden Sie einfach *sbic*.

Wichtig: Es gibt hier eine wesentliche Unterscheidung: Mit *sbic* und *sbis* können Sie lediglich die I/O-Register, also die „Ports“ überprüfen. Wenn Sie z. B. Berechnungen durchführen und ein Hilfsregister (also nicht direkt einen Port oder Pin) auf ein gesetztes/gelöschtes Bit überprüfen wollen, müssen Sie die entsprechenden Pendants dazu verwenden: *sbrc* und *sbrs*, also *skip next instruction if bit in register is cleared* und *skip next instruction if bit in register is set.*

Was aber, wenn Sie nicht ein einzelnes Bit, sondern einen Port auf einen bestimmten 8-Bit-Wert überprüfen wollen? Dazu gibt es natürlich auch eine passende Anweisung, nämlich: *cpse*, oder *compare registers and skip if equal.*

Wichtig ist dabei: Mit diesem Befehl können Sie nur Hilfsregister miteinander vergleichen, nicht zwei Ports oder ein Register mit einem Port. Darum muss vor jedem Vergleich auch der Wert des zu überprüfenden Ports zuerst in ein Hilfsregister geladen werden.

```
1:    .include "m16def.inc"
2:
3:    ; ------ Stack einrichten ------
4:          ldi R16, HIGH(RAMEND)
5:          out SPH,R16
6:          ldi R16, LOW(RAMEND)
7:          out SPL,R16
8:
9:    hauptprogramm:
10:         rcall setup
11:
12:   loop1:
13:         in R20, PINB
14:         ldi R21, 0xFF
15:         cpse R20, R21
16:         rjmp loop1
17:
18:         ldi R16, 0xFF ; Port B auf Ausgang
19:         out DDRB, R16
20:         ldi R16, 0xFF ; Alle Bits setzen
21:         out PORTB, R16
22:
23:         rjmp hauptprogramm
24:
25:   setup:
26:         ldi R16, 0x00 ; Port B auf Eingang
27:         out DDRB, R16
28:         ret
```

In Zeile 15 finden Sie den neuen Befehl. In den zwei Zeilen darüber sehen Sie auch, wie die Register R20 und R21 mit den zu vergleichenden Werten geladen werden. Dies ist nötig, wie eingangs bereits erwähnt, weil *cpse* nur Register miteinander vergleichen kann. Sollten die beiden Register denselben Wert enthalten, wird die folgende Instruktion übersprungen, also die Schleife verlassen. Sobald also auf Port B der Wert 0xFF anliegt, wird die Schleife verlassen.

Wichtig: Ein häufiger Fehler könnte Ihnen in Zeile 13 passieren. Es ist verlockend, hier das Register 20 mit einem einfachen *LDI R20, PINB* zu beladen, oder, noch schlimmer, *LDI R20, PORTB* zu verwenden. Das passiert sehr leicht.

Der Befehl *LDI* kann lediglich einen Wert in ein Register schreiben, aber nicht einen Wert von einem Port einlesen und dann in ein Register schreiben. Wenn Sie einen Wert von einem Port einlesen wollen, verwenden Sie immer die Anweisung *in*. Ebenso dürfen Sie *PINB* nicht mit *PORTB* verwechseln. Sie verwenden *PORTB*, wenn Sie Werte auf den Port ausgeben wollen, jedoch *PINB*, wenn Sie einen Wert einlesen möchten.

3.6 Das Statusregister

Vor allem bei der Programmierung mit Assembler gibt es ein ganz bestimmtes Register, das Sie immer wieder antreffen werden, das sogenannte *Statusregister*. Viele Operationen liefern ein Ergebnis, das sich dann in den einzelnen Bits des Statusregisters wiederfindet. Diese Bits des Statusregisters haben jeweils eine bestimmte Bedeutung:

Bit	Name	Beschreibung
0	C: Carry	Bei der letzten Operation kam es zu einem Überlauf, daher ist das *Carry Bit* gesetzt. Mehr dazu gleich.
1	Z: Zero	Das Ergebnis der letzten Operation ergab Null (*Zero*).
2	N: Negative	Resultat der letzten Operation ist negativ.
3	V: Overflow	Zweierkomplement-Übertrag
4	S: Sign	Exklusives Oder (XOR) von N und V
5	H: Half-Carry	Übertrag von Bit 3 auf Bit 4 bei der letzten Operation
6	T: Bit Copy Storage	Zur freien Verwendung verfügbar (undefiniert)
7	I: Global Interrupt Enable	Alle Interrupts erlaubt = 1 Keine Interrupts erlaubt = 0

Am häufigsten werden Sie die Bits *Carry*, *Zero*, und *Global Interrupt Enable* antreffen. Deshalb hier noch eine kurze Erklärung der einzelnen Statusbits:

3.6.1 Carry-Bit

Das Carry-Bit wird immer dann gesetzt, wenn bei einer arithmetischen Operation ein Übertrag herauskommt. Wenn Sie also zwei 8-Bit-Zahlen addieren, z. B. 200 und 200, wäre das Ergebnis 400. Da 400 aber nicht mit einem 8-Bit-Wert darstellbar ist, signalisiert der Mikrocontroller diesen Übertrag mit dem Carry-Bit.

Aus diesem Grund gibt es auch einige Branch-Befehle, die explizit auf dieses Carry-Bit reagieren. Dazu zählen BRCS und BRCC.

3.6.2 Zero-Bit

Ist das Resultat einer arithmetischen Operation „Null", wird das Zero-Bit gesetzt. Es gibt eine Reihe anderer Funktionen, die als „Nebenprodukt" auch dieses Zero-Bit ändern. Details dazu finden Sie in der Referenzdokumentation (Auf der CDROM: Dokumentation\Assembler\AVR Assembler-Befehlsreferenz.pdf).

3.6.3 Global Interrupt Enable

Dieses Bit müssen Sie vor jeder Verwendung der Interrupts auf *1* setzen. Das können Sie mit dem Befehl *SEI* erledigen. Um dieses Bit wieder zu löschen, verwenden Sie den Befehl *CLI*.

Ist das Bit gelöscht, wird auf keinen Fall ein Interrupt ausgelöst – auch wenn Sie z. B. den Empfangsinterrupt der seriellen Schnittstelle konfiguriert haben. Es wird nichts passieren. Dies ist vor allem dann praktisch, wenn Sie eine sehr zeitkritische Routine ausführen, die auf keinen Fall von einem Interrupt unterbrochen werden soll.

4 Eine Einführung in C

4.1 Was ist C?

Die Programmiersprache C wurde 1972 in den Bell Labors von Dennis Ritchie entwickelt. Ursprünglich für den Entwurf des Betriebssystems UNIX gedacht, entstanden im Laufe der Zeit weitere unterschiedliche Versionen von C.

Aus diesem Grund hat sich ANSI (American National Standards Institute) 1983 dazu entschieden, einen weltweiten Standard für C festzulegen. Dieser wurde folglich auch als *ANSI C* bekannt. Die meisten modernen C-Compiler halten sich an diesen Standard.

Einer der wesentlichsten Vorteile von C besteht in der großen Verbreitung von C-Compilern auf verschiedensten Systemen, geeignet für eine Vielzahl von Prozessoren. Dies ermöglicht, (meist) ein und denselben Code ohne große Anpassungen auf ein neues System zu portieren. Der Vorteil liegt auf der Hand: Frei erhältlicher Quellcode, gebunden an meist kostenlose, „faire" Lizenzmodelle (GPL, BSD, Beer-Ware, ...). Vor allem in Bereichen, in denen Open-Source eine große Bedeutung darstellt, stehen eine Fülle von Quellcodes zur Verfügung.

In langer Arbeit hatten Entwickler die Treibersoftware für einen weit verbreiteten Ethernet Netzwerk-Chip unter Linux programmiert. Jahre später wurde dieser Treiber in nur wenigen Stunden auf die ATMEL-Plattform portiert. Dies war großteils durch die gute Portierbarkeit des C-Quelltextes so schnell möglich.

Mit Assembler „sprechen" Sie direkt mit dem Prozessor, während Sie in C lediglich eine „Hochsprache" sprechen, die dann von einem Übersetzer (Compiler) für den gewünschten Prozessor übersetzt wird. Um mit anderen Prozessoren zu sprechen, müssen Sie dazu nur den verwendeten Compiler auswechseln und einen anderen Compiler (der jeweils gewünschten Plattform) mit Ihrem Quellcode füttern.

Dies klingt in der Praxis so revolutionär wie die Erfindung des Telefons, in Wirklichkeit gibt es natürlich einige Tücken auf dem Weg zum „portablen" Code. Mehr dazu finden Sie auf den folgenden Seiten.

Kapitel 1 beinhaltet detaillierte Informationen zur Installation des Compilersystems.

4.2 Das Hauptprogramm

Zu diesem Zeitpunkt gehen wir davon aus, dass Ihr Compilersystem installiert ist und Ihr Entwicklungsboard (oder der Simulator) erfolgreich verbunden und getestet wurde.

Leider müssen wir hier mit der Tradition brechen und beginnen daher nicht, wie üblich, mit dem populären *Hello-World*-Programm. Stattdessen beschränken wir uns auf die einfache Schaltung eines ganzen Ports, also *Spannung aus*, *Spannung an*.

```
1:   #include <avr/io.h>
2:   int main(void)
3:   {
4:           DDRB = 0xFF;
5:           PORTB = 0xFF;
6:           PORTB = 0x00;
7:           return 0;
8:   }
```

Nachdem Sie diesen Quelltext kompiliert haben, müssen Sie anschließend die erzeugte HEX-Datei in den Mikrocontroller (oder den Simulator) flashen. Informationen dazu finden Sie in Kapitel 1. Nach einem Reset startet das Programm und Sie werden am Entwicklungsboard kaum eine Veränderung bemerken.

Sollten Sie eine LED-Reihe an PORT B angeschlossen haben, wird diese nach Ausführung des Programms leuchten (bei einer Pull-Up-Konfiguration, ansonsten wird die LED-Reihe nur kurz aufblinken). Im Simulator sehen Sie schrittweise die Veränderung des Portzustands von *0xFF = alle Pins hochohmig* auf *0x00 = alle Pins schalten durch*. Soviel zur Funktion dieses Beispiels. Nun zur näheren Erläuterung des Quelltextes:

In Zeile 1 finden Sie die Anweisung *#include*. Diese deutet dem Compiler an, dass er zusätzliche Informationen zum „Verständnis" des Quelltextes benötigt. Diese Informationen findet er in der Datei *io.h* im Verzeichnis *avr*, das sich wiederum im Standardverzeichnis für Include-Dateien befindet (kann für den Compiler beliebig geändert werden).

In der *io.h* findet der Compiler Informationen über die I/O-Möglichkeiten (Input/Output, also Eingabe/Ausgabe) des verwendeten Mikroprozessors. Die Prozessoren haben unterschiedliche Pin-Belegungen.

Beispiel: An welcher Adresse liegt PORTB bei einem ATmega16 und an welcher Adresse bei einem ATmega128? Genau diese Pin-Belegungen werden in den Include-Dateien definiert.

Sie werden diese Anweisung in den meisten Ihrer Programme benötigen. Sie muss auch immer am Anfang des Programms stehen, zumindest bevor Ihre Funktionen (wie etwa: main) beginnen.

Das Hauptprogramm beginnt in Zeile 2. Egal, an welchem Projekt Sie arbeiten, jedes Ihrer C-Programme wird immer mit demselben „Skelett" beginnen. Dieses Skelett werden Sie nach einigen Startversuchen relativ schnell auswendig können. So sieht das Skelett eines jeden Programms aus:

```
1:   #include <avr/io.h>
2:   int main(void)
3:   {
4:
5:           return 0;
6:   }
```

Bis auf drei Zeilen besteht Ihr erstes Programm (siehe oben) im Wesentlichen nur aus dem Grundskelett. Ich empfehle Ihnen, das „Warum" und „Wie" hinter diesem Skelett vorerst nicht zu hinterfragen. Das zeigt sich nach einer Weile ganz von selbst.

Es gibt in Ihrem Programm also nur drei wirkliche Anweisungen. Diese finden Sie in den Zeilen 4, 5 und 6.

C arbeitet auch nicht „parallel". Jeder Befehl wird nur sequenziell, also einer nach dem anderen, ausgeführt. Das bedeutet in unserem Fall, dass das Datenrichtungsregister (DDRB) für den PORTB erst auf *AUSGABE (0xFF)* geschaltet (Zeile 4) und anschließend der PORTB mit Werten beschrieben wird (Zeile 5 und 6). Dieser wird hier bewusst mit zwei verschiedenen Werten (0x00 und 0xFF) versorgt, um das Ergebnis im Simulator deutlich darzustellen.

Dieses Testprogramm „am Mikrocontroller" wird Ihnen zunächst noch wenig Freude schenken. Die Zustandsänderung passiert einmalig und dies in nur wenigen Taktzyklen, ist also kaum messbar.

Sie haben hiermit also bereits Ihr erstes C-Programm geschrieben. Um die Einführung in diese Sprache möglichst kurz zu halten, folgt eine Zusammenfassung der wichtigsten Punkte, die Sie dabei beachten sollen:

- Befehle werden in C immer mit einem Semikolon abgeschlossen. Beispiel: DDRB = 0xFF; PORTB = 0x00;
- Um eine hexadezimale Zahl zu verwenden, setzt man in C immer die Notierung *0x* vor die Zahl. Dezimale Zahlen werden ganz normal, also ohne diesem 0x-Präfix angegeben. Beispiele: Hexadezimal: DDRB = 0x5A oder Dezimal: DDRB = 90;

- Es ist gleichgültig, ob man *DDRB=0x00;* oder *DDRB = 0x00;* schreibt. Diese Leerzeichen werden ignoriert. Aber Vorsicht: Die einzelnen Argumente bzw. Werte dürfen Sie nicht auftrennen. *DD RB = 0x 00;* wäre nicht erlaubt.
- Jedes Ihrer Programme beginnt mit folgendem Skelett-Code:

```
#include <avr/io.h>
int main(void)
{

        return 0;
}
```

4.3 Variablen

Die Sprache C besitzt einen wesentlichen Vorteil gegenüber Assembler: Anstatt Registern, stehen Ihnen (wie in den meisten „Hochsprachen“) beliebig definierbare Variablen zur Verfügung. Beispiel:

```
1:   #include <avr/io.h>
2:   int main(void)
3:   {
4:           char led_status;
5:           char rotationsgeschwindigkeit;
6:           int geheimcode;
7:           long schluessel;
8:
9:           led_status = 0x00;
10:          rotationsgeschwindigkeit = 92;
11:          geheimcode = 3456;
12:          schluessel = 1234564345;
13:
14:          return 0;
15:  }
```

Sie erkennen nun das bereits geläufige Standardskelett. Das Hauptprogramm ist nun schon etwas größer ausgefallen als vorhin.

In den Zeilen 4 bis 7 finden Sie sogenannte *Variablen-Deklarationen*. In den Zeilen 9 bis 12 die entsprechende „Zuweisung von Werten zu den Variablen“.

Einfacher ausgedrückt: Man erklärt dem Compiler, welche Art von Variablen man in seinem Programm verwenden möchte und welchen Namen diese tragen sollen. Die „Zuweisung der Werte“ füllt diese Variablen mit einem Inhalt.

Die korrekte Syntax zur Deklarierung einer Variable sieht folgendermaßen aus:

DATENTYP VARIABLENNAME;

Wir haben im angeführten Quelltext-Beispiel also drei verschiedene Datentypen verwendet, nämlich *char, int* und *long*.

Besonders in der Programmierung von 8-Bit-Mikrocontrollern steht Ihnen meist nur ein begrenzter Speicher für Ihr Programm zu Verfügung. Bei der Verwendung von Variablen muss der Compiler diesen Speicher vorab reservieren. Je mehr Variablen Sie verwenden, umso weniger Speicherplatz bleibt für Ihr eigentliches Programm. Es gibt zum einen Variablen, die mehr Speicher belegen (und größere Inhalte speichern können) und solche, die nur ein einziges Byte speichern können (also eine einzige Zahl zwischen 0 und 255).

Ihre Aufgabe während der Entwicklung Ihrer Software besteht nun darin, den richtigen Datentyp für eine Variable auszuwählen. Um Ihnen diese Entscheidung zu vereinfachen, gibt es nur eine sehr geringe Auswahl an Datentypen:

Bezeichnung	Schlüsselwort	Bytes	Wertebereich
character	char	1	-128 .. 127
unsigned character	unsigned char	1	0 .. 255
integer	int	2	-32 768 .. 32767
short integer	short	2	-32 768 .. 32767
long integer	long	4	-2147483648 .. 2147483647
unsigned integer	unsigned int	2	0 .. 65535
unsigned short integer	unsigned short	2	0 .. 65535
unsigned long integer	unsigned long	4	0 .. 4294967295
single-precision floating-point (7 Stellen)	float	4	1.17E-38 .. 3.4E38
double-precision floating-point (19 Stellen)	double	8	2.2E-308 .. 1.8E308

Abb. 4.1: Datentypen

So bietet sich für unsere Variable *led_status*, die nur 1 oder 0 enthalten wird, natürlich der Datentyp *char* an, da dieser die kleinstmögliche Einheit darstellt. Größere Wertebereiche würden hier keinen Sinn machen.

Wichtig: Stellen Sie sicher, dass Ihren Variablen vor der Verwendung (also vor dem „Auslesen“) ein Wert zugewiesen wurde. Ist das nicht der Fall, steht meist ein rein zufälliger Wert in der Variable und dies führt nicht selten zu einer langen Fehlersuche. Aus diesem Grund wurde in C auch die direkte Zuweisung von Werten bereits bei der Deklarierung der Variable eingeführt. Dies kann beispielsweise so aussehen:

```
#include <avr/io.h>
int main(void)
{
        char led_status = 0x00;
        char rotationsgeschwindigkeit = 92;
        int geheimcode = 3456;
        long schluessel = 1234564345;
        return 0;
}
```

Außerdem hat sich durch diese Änderung auch die Länge des Programms wesentlich verkürzt.

Richtig interessant werden Variablen natürlich erst dann, wenn Sie mit den Ausgabeports in Verbindung gebracht werden:

```
1:   #include <avr/io.h>
2:   int main(void)
3:   {
4:           char led_status = 0xFF;
5:           DDRB = 0xFF;
6:           PORTB = led_status;
7:           led_status = 0x00;
8:           PORTB = led_status;
9:           return 0;
10:  }
```

Am besten erklärt sich das Beispiel wieder Zeile für Zeile: In Zeile 4 wird eine Variable mit der Bezeichnung *led_status* vom Typ *char* erstellt und erhält den Wert 0xFF (also hexadezimal FF). Binär würde das der Zahl „11111111" entsprechen.

Zeile 5 ist bereits aus dem Einführungsbeispiel bekannt. Hier wird lediglich die Datenrichtung von PORTB auf *AUSGANG* geschaltet.

In Zeile 6 wird auf PORTB der Inhalt der Variablen *led_status* geschrieben, in unserem Fall also *0xFF*. Das wiederum bedeutet, dass alle Pins von PORTB auf 1 geschaltet werden. In einer 8-teiligen LED-Reihe würde jetzt kein Licht leuchten (bei Pull-Up-Schaltung, ansonsten natürlich schon).

In Zeile 7 wird der Inhalt der Variable *led_status* auf 0x00 (Binär: 00000000) geändert. An der Schaltung der LEDs passiert hier noch gar nichts. Wir haben lediglich den neuen Inhalt der Variable *led_status* festgelegt. Darum wird in Zeile 8 dieser neue Wert dem PORTB zugewiesen, was bei einer LED-Reihe alle acht Lichter erhellen würde.

Gehen wir einen Schritt weiter:

```
1:  #include <avr/io.h>
2:  int main(void)
3:  {
4:          char led_status = 0x00;
5:          DDRA = 0xFF; // PORT A auf Ausgang schalten
6:          DDRB = 0xFF; /* PORT B auf Ausgang schalten */
7:          PORTA = 0xAA;
8:          PORTB = 0x00;
9:          DDRA = 0x00;
10:         led_status = PINA;
11:         PORTB = led_status;
12:         return 0;
13: }
```

Sie sehen im angeführten Beispiel zwei verschiedene Möglichkeiten zur Kommentierung von Quelltext. Zum Einen den doppelten Schrägstrich (//) und zum Anderen den Schrägstrich mit einem Start- (/*) und einem Stoppzeichen (*/). Es ist ganz Ihnen überlassen, für welche Art der Kommentierung Sie sich entscheiden.

// bedeutet, dass für den Rest der aktuellen Zeile nur mehr Kommentar folgt. Bei der Verwendung von /* und */ definieren Sie, im Gegensatz zur //-Kommentierung, selbst, wo Ihr Kommentar beginnt und wo er endet. Sie können hiermit auch über mehrere Zeilen hinweg kommentieren. (Weitere Beispiele dazu finden Sie in einigen der noch folgenden Quelltexte.)

In den Zeilen 5 und 6 werden die Ports A und B jeweils auf *Ausgang* geschaltet. In den darauffolgenden zwei Zeilen wird dabei auf Port A der Wert *Hex: AA* und auf Port B der Wert *Hex: 00* ausgegeben. Anschließend wird die Datenrichtung von Port A zurück auf *Eingang* gesetzt. Besonderes interessant wird es in Zeile 10. Sie erkennen bereits die Verwendung der Variable *led_status*. In diesem Fall wird ihr der *Eingangswert* von Port A zugewiesen.

Würden Sie anstatt PINA die Bezeichnung PORTA verwenden, weiß der Mikrocontroller nicht, dass Sie einen Wert einlesen wollen und er liest lediglich den *Ausgabebuffer* von PORTA, ohne dazu auf die Pins des Mikrocontrollers selbst zuzugreifen. Wenn Sie gerade den Simulator auf Ihrem Rechner laufen haben, werfen Sie einmal einen Blick auf das Fenster *I/O View* (Achtung: Nur sichtbar, wenn Sie sich im Debugmodus befinden). Öffnen Sie dort den Eintrag *I/O Port A* und Sie werden erkennen, dass der Simulator tatsächlich zwischen *Data Register* und *Input Pins* unterscheidet. Beachten Sie daher bitte: Wenn Sie den Zustand eines Ports wissen wollen, müssen Sie immer *PINA*, *PINB* usw. verwenden. Wollen Sie den Zustand eines Ports ändern, verwenden Sie *PORTA*, *PORTB*, usw.

Zurück zu Zeile 10. Wir lesen also den Wert von Port A (an den Pins) ein und schreiben diesen Zustand in die Variable *led_status*. Am Ende des Beispiels, in Zeile 11, wird der eben in der Variable *led_status* gespeicherte Wert nun auf Port B geschrieben. Diesen Vorgang können Sie ebenfalls im Simulator verfolgen.

In der folgenden Tabelle können Sie die Änderungen der Zustände genau mitverfolgen:

Zeile	Wert PORTA/(PINA)	Datenrichtung PORTA	Wert PORTB/(PINB)	Datenrichtung PORTB
4	?	?	?	?
5	?	Ausgang	?	?
6	?	Ausgang	?	Ausgang
7	Hex: AA	Ausgang	?	Ausgang
8	Hex: AA	Ausgang	Hex: 00	Ausgang
9	Hex: AA	Eingang	Hex: 00	Ausgang
11	Hex: AA	Eingang	Hex: AA	Ausgang

Achtung: Dieses Beispiel eignet sich hauptsächlich für die Veranschaulichung der Wertezuweisungen bei Variablen und Ports mittels Simulator. In einem hardwarebasierten Test ist nicht sichergestellt, dass der Wert von Port A ab Zeile 7 am Port selbst gespeichert wird. So könnte beim Einlesen des Zustands in Zeile 10 bereits ein gänzlich unterschiedlicher Wert am Port A anliegen. Wundern Sie sich also nicht, wenn daher auf Port B am Ende nicht *Hex AA* anliegt.

Ein weiteres Beispiel zur arithmetischen Verwendung von Variablen:

```
#include <avr/io.h>
int main(void)
{
        /* Noch eine kleine Demonstration
        von einem Kommentar, dass über einige Zeilen
        hinweg verläuft. */

        char led_status = 0x00;

        DDRA = 0xFF;
        PORTA = led_status;

        led_status = led_status + 1;
        PORTA = led_status;

        led_status++;
        PORTA = led_status;

```

```
19:         led_status+=2;
20:         PORTA = led_status;
21:
22:         return 0;
23:  }
```

Hier sehen Sie drei verschiedene Möglichkeiten, um den Wert einer Variable zu erhöhen bzw. eine Addition durchzuführen. Zeile 13 erhöht den Wert von *led_status* auf *Hex: 01*. Die Funktionsweise dabei ist relativ einfach zu verstehen: „Neuer Wert = Alter Wert + Zahl." Zeile 16 bietet schon eine wesentlich komfortablere Möglichkeit, den Wert von *led_status* um die Zahl 1 zu erhöhen. Zeile 13 erlaubt das Erhöhen um beliebige Werte. Zeile 16 bedeutet jedoch: „Erhöhe den Wert von *led_status* um genau eine Einheit". Mehrere „+" ändern daran nichts. Da aber sehr häufig die Addition von *1* benötigt wird, wurde diese ++-Anweisung eingeführt. Zeile 19 zeigt schließlich die dritte Möglichkeit zur Addition. Es handelt sich dabei im Wesentlichen nur um eine „kürzere Schreibweise" von Zeile 13. Sie können daher auch hier beliebige Werte addieren. Der Wert *Hex 04* befindet sich nun auf Port A am Ende des Beispiels.

Sie sind bei C natürlich nicht nur auf das Addieren beschränkt, sondern können alle gängigen Grundrechenarten durchführen. Hier einige Beispiele:

```
led_status = 0;
led_status = led_status + 1;
led_status *= 2;
led_status--;
led_status += 10;
led_status++;
led_status /= 2;
led_status = 10 - led_status;
led_status = led_status * 2;
```

Dieser Auszug ist schon etwas anspruchsvoller. Am Ende enthält die Variable *led_status* den Wert *Hex 08*.

4.3.1 Schlüsselwörter und Einschränkungen

Sie können bei der Deklarierung Ihrer Variablen alle möglichen Kombinationen von Wörtern und Zahlen verwenden, es gibt dabei jedoch ein paar Einschränkungen:

- Der Name der Variable darf nicht mit einer Zahl beginnen, jedoch mit einer – oder mehreren Zahlen – enden. (Nicht erlaubt: *int 12variable*; erlaubt: *int variable12*)

- Die Variablen dürfen keine arithmetischen oder C-spezifischen Operatoren enthalten, wie etwa !, /, \, +, -, #, usw. Erlaubt sind Zeichen von a-z, A-Z, 0–9 und der Unterstrich (_). Umlaute und Satzzeichen sind nicht erlaubt.
- Die Länge der Bezeichnung Ihrer Variablen sollte nicht aus mehr als 32 Zeichen bestehen, denn C unterscheidet Variablen nur anhand dieser ersten 32 Zeichen.
- **Achtung:** C unterscheidet zwischen Groß- und Kleinschreibung! Die Variablen *int test* und *int Test* sind zwei komplett verschiedene Instanzen.
- Es gibt eine Reihe von Schlüsselwörtern, die für die Programmierung in C reserviert sind und daher nicht als Variablenbezeichnung verwendet werden können:

```
auto      break      case      char      const
continue  default    do        double    else
enum      extern     float     for       goto
if        inline     int       long      register
restrict  return     short     signed    sizeof
static    struct     switch    typedef   union
unsigned  void       volatile  while     _Bool
_Complex  _Imaginary
```

Abb. 4.2: Schlüsselwörter in C

4.4 Anweisungen und Funktionen

Sie haben anhand der bisherigen Beispiele bereits einige Anweisungen kennengelernt. In diesem Abschnitt widmen wir uns den sogenannten *Funktionen.*

Beispiel:

```
#include <avr/io.h>

void ledon()
{
      PORTB = 0x00;
}

void ledoff()
{
      PORTB = 0xFF;
}

int main(void)
{
      DDRB = 0xFF; // PortB auf Ausgang

      ledon();
```

```
18:         ledoff();
19:
20:         return 0;
21:  }
```

Eine *Funktion* ist eine „Programmeinheit“, die erst dann ausgeführt wird, wenn Sie dazu (im Quellcode) den Befehl geben. So könnten Sie z. B. eine Reihe von Funktionen für die Kommunikation mit der seriellen Schnittstelle schreiben. Diese Funktionen können Sie dann in mehreren Projekten wiederverwenden.

Der Aufbau einer Funktion sieht immer gleich aus:

```
DATENTYP DES RÜCKGABEWERTS FUNKTIONSNAME ( OPTIONAL: PARAMETER )
{
  INHALT DER FUNKTION
}
```

In Zeile 3 beginnt bereits die erste Funktion mit dem Namen *ledon*. Außerdem kennen Sie den Rückgabewert dieser Funktion, *void*. Da sich zwischen den beiden Klammern in Zeile 3 kein Inhalt befindet, erwartet diese Funktion keine Übergabeparameter (mehr dazu etwas später). Der Inhalt der Funktion, Port B auf 0x00 zu schalten, ist denkbar einfach.

Eine Funktion könnte z. B. eine komplexe Berechnung enthalten. Eine Berechnung liefert bekanntlich auch ein „Ergebnis“. Dieses ist der sogenannte *Rückgabewert* einer Funktion. Wie überall in C müssen Sie sich auch hier überlegen, welcher Datentyp sich für diesen Rückgabewert am besten eignet.

Angenommen, Ihre Funktion liefert nur *0* oder *1* zurück. Welcher Datentyp würde sich dafür anbieten? Natürlich der mit dem kleinsten Wertebereich, also *char*. Der Funktionskopf würde dann etwa so aussehen:

```
char wahrOderFalsch()
{

}
```

Was bedeutet aber nun der Datentyp *void*, wie er sich im Eingangsbeispiel findet? Das Wort *void* drückt so viel aus wie „Leere“ oder „nichts“. Und genau das wollen wir dort ja auch: keinen Rückgabewert. Unsere Funktion aus dem Beispiel schaltet lediglich den Port B auf einen neuen Zustand. Wir führen keine Berechnungen aus, und wenn wir diese Funktion aufrufen, erwarten wir auch kein Ergebnis (abgesehen von der Zustandsänderung).

Wichtig: Wenn Ihre Funktion also gar keinen Rückgabewert liefert, müssen Sie trotzdem die Bezeichnung *void* angeben.

Zurück zum Beispiel: Dort folgt mit *ledoff()* eine weitere, sehr ähnliche Funktion. Richtig zur Sache geht es dann im Hauptprogramm. Dort finden Sie den eigentlichen „Aufruf" von den beiden zuvor definierten Funktionen. Um eine Funktion zu starten, gehen Sie nach folgendem Schema vor:

FUNKTIONSNAME (OPTIONAL: PARAMETER) ;

Den Aufruf einer Funktion nennt man auch eine *Anweisung*. Sie finden zwei dieser Anweisungen in den Zeilen 17 und 18. Wir übergeben den Funktionen hier keine Parameter und erwarten auch keinen Rückgabewert. Das folgende Beispiel veranschaulicht nun die Verwendung eines Rückgabewertes:

```
#include <avr/io.h>

char getPortBValue()
{
        DDRB = 0x00; // Port B als Eingang schalten
        return PINB;
}

void setPortBValue(char newvalue)
{
        DDRB = 0xFF; // Port B als Ausgang schalten
        PORTB = newvalue;
}

int main(void)
{
        char led_status=0;
        DDRB = 0xFF; // PortB auf Ausgang

        led_status = getPortBValue();
        led_status++;
        setPortBValue(led_status);

        return 0;
}
```

Dieses Beispiel ist schon etwas anspruchsvoller. Zerlegen wir es in seine Bestandteile:

Es gibt zwei Funktionen: *getPortBValue()* liefert Ihnen den aktuellen Zustand an Port B als Rückgabewert zurück. Die Funktion *setPortBValue()* erlaubt es Ihnen, Port B einen neuen Wert zuzuweisen.

Drei wichtige Grundlagen sind:

1. Die Definition von Funktionen, die Parameter erwarten und einen Rückgabewert liefern.

2. Das Zwischenspeichern des Rückgabewertes in eine Hilfsvariable.
3. Der Aufruf von Funktionen (mit Parameterübergabe und Rückgabewert).

In Zeile 3 beginnt die Funktion *getPortBValue()* und Sie erkennen sofort: Es wird nicht *void* als Rückgabewert verwendet, sondern *char*. Das bedeutet, die Funktion muss tatsächlich einen Wert zurückgeben. Dies passiert direkt in Zeile 6. Dazu verwenden wir die Anweisung *return*. Nach dem Schlüsselwort *return* können Sie auf verschiedene Weise einen Wert zurückgeben. Das könnte z. B. so aussehen:

```
1:   return 0;
2:   return -1;
3:   return (1+1+2+3);
4:   return 128;
5:   return led_status; // wenn led_status eine char Variable ist
6:   return;
```

Es gibt also einige Möglichkeiten, um aus einer Funktion einen Wert zurückzuliefern. Hierbei ist es jedoch wichtig, einige wesentliche Punkte zu beachten:

1. Nachdem Sie die Anweisung *return* verwenden, wird kein weiterer Code in der Funktion mehr ausgeführt und die Funktion sofort beendet. Sie können somit eine Funktion auch „vorzeitig" abbrechen.
2. Der in Zeile 6 (in den verschiedenen *return*-Beispielen oberhalb) angeführte parameterlose Aufruf wird nur in Funktionen akzeptiert, die keinen Rückgabewert abliefern müssen (also *void*-Funktionen sind). Dies wird in solchen Funktionen ausschließlich als *vorzeitiger Abbruch* verwendet und macht nur Sinn in Verbindung mit Kontrollabfragen wie z. B. der *IF/ELSE*-Abfrage. Mehr dazu etwas später.
3. Der Datentyp der Daten, die Sie als Parameter für die Anweisung *return* verwenden, muss dem Rückgabewert-Datentyp entsprechen. Sie können also z. B. nicht eine Zahl wie „123456532" bei einem Rückgabe-Datentyp *char* übergeben.

Zurück zum Beispiel. In Zeile 20 finden Sie den Aufruf der Funktion *getPortB-Value()*. Diesmal findet sich aber die Variable *led_status* noch vor dem Funktionsnamen. Um in einer Variablen einen neuen Wert zu speichern, müssen Sie diesen Wert „zuweisen". Das funktioniert folgendermaßen:

VARIABLENNAME = NEUER WERT ;

Wobei der „neue Wert" natürlich selbst eine Variable oder gar eine komplexe Berechnung sein kann. Der Compiler setzt dann automatisch den berechneten Wert oder den Inhalt der angegebenen Variable als „neuen Wert" ein. Außerdem kann der „neue Wert" auch das Resultat einer Funktion sein. Und genau diese Art der Zuweisung verwenden wir beim Aufruf in Zeile 20. Der Compiler führt zuerst die Funktion *getPortBValue()* aus und setzt anschließend das Ergebnis dieser Funktion (Rückgabewert) als neuen Wert ein. Dieser neue Wert wird in unserem Beispiel dann direkt in der Variable *led_status* gespeichert. Anschließend wird in Zeile 21 der Wert von *led_status* um eine Einheit erhöht.

Wieder interessant wird es in Zeile 22. Hier sehen Sie den Aufruf der Funktion *setPortBValue()*. In diesem Fall erwarten wir keinen Rückgabewert, jedoch erwartet die Funktion einen Übergabeparameter. Dieser Parameter muss vom Datentyp *char* sein (siehe Zeile 9). In der Definition der Funktion (Zeile 9) wurde im Klammerausdruck die Variable *char newvalue* definiert. Diese Variable steht der Funktion zur Verfügung und enthält den Wert, der beim Aufruf übergeben wurde. Hier einige Beispiele:

```
setPortBValue(10);
setPortBValue(0xFF);
setPortBValue(19+29);
setPortBValue(led_status); // led_status ist eine Variable
```

Auch wenn die aufgerufene Funktion keine Parameter erwartet, müssen Sie auf jeden Fall immer die beiden Klammern „(“ und „)“ angeben:

```
irgendeineFunktion();
```

Die Variable *led_status* im Ausgangsbeispiel enthält einen bestimmten Wert (Eingangswert von Port B um eine Einheit erhöht). Dieser wird der Funktion übergeben. Der Compiler springt dann auf Zeile 9 und setzt diesen Übergabewert in die lokale Variable *newvalue* ein.

Im weiteren Verlauf dieser Funktion (Zeile 12) kann diese lokale Variable (nur „sichtbar“ innerhalb der Funktion) verwendet werden. In unserem Beispiel wird der Wert der Variable auf den Port B geschrieben.

Wichtig: Sie benötigen in dieser Funktion kein *return*, da die Funktion keinen Rückgabeparameter erwartet. Die Funktion „läuft einfach aus“ und springt dann automatisch an den Ursprung (Zeile 22) zurück.

Wie würde das Beispielszenario bei einer Übergabe von mehreren Parametern aussehen?

```
#include <avr/io.h>

int addiere(int a, int b)
{
        return a+b;
}

```

```
8:   int main(void)
9:   {
10:          DDRB = 0xFF;
11:          PORTB = addiere(5,15);
12:          return 0;
13:  }
```

In Zeile 3 finden Sie den entscheidenden Schritt dazu. Im Funktionskopf werden mehrere Variablen einfach mit einem Beistrich voneinander getrennt. Sie können hier eine ganze Reihe von Variablen übergeben. Achten Sie jedoch darauf: Für jede Variable, die von der Funktion erwartet wird, müssen Sie beim Aufruf auch einen Wert übergeben (siehe Zeile 11). Im oben angeführten Beispiel wird schlussendlich der Wert *Dez: 20* auf Port B ausgegeben.

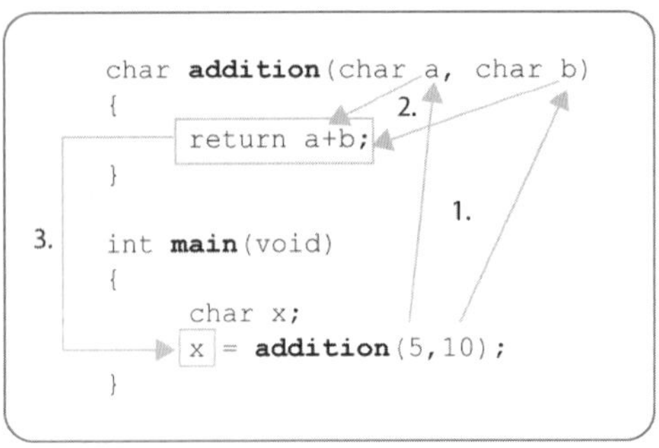

Abb. 4.3: Übergabe von Funktionsparametern

4.5 Abfragen und Schleifen

In diesem Kapitel lernen Sie zwei wichtige Techniken der Programmierung kennen: Entscheidungen und Schleifen. Diese werden Ihnen eine Fülle von Möglichkeiten eröffnen und einen weiteren großen Vorteil von C gegenüber Assembler deutlich machen.

4.5.1 If-Abfrage

Um einen Ausdruck auszuwerten und je nach Ergebnis weitere Schritte zu setzen, verwendet man in C die Anweisung *If.* Grundsätzlich ist diese Anweisung relativ beschränkt, denn Sie erlaubt nur die Unterscheidung, ob ein Ausdruck *wahr* oder *falsch* ist.

Erstes Beispiel:

```
1:  #include <avr/io.h>
2:
3:  int main(void)
4:  {
5:          DDRB = 0x00; // Port B auf Eingang schalten
6:          DDRA = 0xFF; // Port A auf Ausgang schalten
7:
8:          if (PINB == 0xFF)
9:          {
10:                 PORTA = 0xAA;
11:         }
12:
13:         return 0;
14: }
```

Port B wird auf Eingang geschaltet, Port A auf Ausgang. Anschließend wird überprüft, ob der aktuelle Wert an Port B der Zahl *Hex: FF* entspricht. Trifft dies zu, wird auf Port A der Wert *Hex: AA* ausgegeben, ansonsten nicht. In Zeile 8 finden Sie unsere Erweiterung. Es handelt sich um eine sogenannte *If*-Abfrage. In der darauf folgenden Klammer (in Zeile 8) sehen Sie den zu überprüfenden Ausdruck.

Die *If-Abfrage* kann nur überprüfen, ob ein Ausdruck *wahr* oder *falsch* ist. Genau das passiert auch hier. Die Abfrage überprüft, ob an *PINB* gerade der Wert *0xFF* anliegt. Entscheidend hier ist das doppelte Gleichheitszeichen (==). Es signalisiert keine Zuweisung (wie das normale Gleichheitszeichen in C, =), sondern eine Überprüfung: „Ist der erste Ausdruck gleich dem Zweiten?“ Sollte dieser Ausdruck wahr sein, wird der Programmblock darunter ausgeführt. Dieser Block reicht von Zeile 9 bis Zeile 11 und ist durch die geschwungenen Klammern „{“ und „}“ gekennzeichnet. Ist der Ausdruck nicht wahr, wird dieser Block übersprungen. Somit haben Sie einen bestimmten Programmteil, der „auf Bedingungen“ reagiert. Würde an Port B eine Taste oder ein Knopf geschaltet sein, könnte man damit nun auf eine Zustandsänderung reagieren. Ist die Taste gedrückt, wird ein spezieller Programmblock ausgeführt, ist die Taste nicht gedrückt, wird dieser Abschnitt übersprungen.

Auch das Gegenteil der *Gleichheitsprüfung* ist möglich, die Prüfung auf *Ungleichheit*:

```
1:  #include <avr/io.h>
2:
3:  int main(void)
4:  {
5:          DDRB = 0x00; // Port B auf Eingang schalten
6:          DDRA = 0xFF; // Port A auf Ausgang schalten
7:
8:          if (PINB != 0xFF)
9:          {
```

```
10:            PORTA = 0xAA;
11:        }
12:        else
13:        {
14:            PORTA = 0x00;
15:        }
16:
17:        return 0;
18:    }
```

In diesem Programm sehen Sie zum einen die angekündigte *Ungleichheitsprüfung* (Zeile 8) und zum anderen eine neue Anweisung, nämlich die *else*-Anweisung (Zeile 12). In Zeile 8 wird nun also überprüft, ob der aktuelle Wert an Port B nicht *Hex: FF* entspricht. Das kann bei allen Werten von *0x00* bis *0xFE* der Fall sein. Die *else*-Anweisung erlaubt es Ihnen, einen speziellen Programmblock zu definieren, der nur dann ausgeführt wird, wenn die *If*-Abfrage nicht „wahr" oder „nicht erfüllt" ist. In unserem Fall würde das bedeuten: Ist der Wert an Port B nicht *0xFF*, wird der Programmblock von Zeile 13 bis Zeile 15 ausgeführt, nicht jedoch der Block von Zeile 9 bis Zeile 11. Würde, im umgekehrten Fall, an Port B der Wert *0xFF* anliegen, würde der erste Programmblock ausgeführt (weil der Ausdruck *wahr* ist), der zweite jedoch übersprungen.

Wir können diese Technik noch um eine letzte Möglichkeit erweitern:

```
#include <avr/io.h>

int main(void)
{
    DDRB = 0x00; // Port B auf Eingang schalten
    DDRA = 0xFF; // Port A auf Ausgang schalten

    if (PINB == 0xFF)
    {
        PORTA = 0xFF;
    }
    else if (PINB == 0x00)
    {
        PORTA = 0x00;
    }
    else if (PINB == 0x05)
    {
        PORTA = 0x50;
    }
    else
    {
        PORTA = 0x11;
    }
    return 0;
}
```

In diesem Beispiel befindet sich eine *Else-If*-Anweisung in Zeile 12. Sie können auf diese Weise mehrere Ausdrücke überprüfen, dabei kann jedoch nur ein einziger *wahr* sein. Alternativ dazu könnten Sie natürlich auch einzelne *If*-Abfragen verwenden. Dies würde jedoch unter Umständen mehrere Lösungen ergeben und somit mehrere Programmblöcke ausführen.

Im oben angeführten Beispiel bekommt Port A einen bestimmten Wert zugewiesen, je nachdem welcher Wert an Port B gerade anliegt. Trifft keine der Bedingungen zu, wird der Programmcode in Zeile 22, also dem *else*-Block, ausgeführt.

Natürlich kann in einem *If*-Programmblock auch eine weitere *If*-Abfrage liegen. Das könnte dann so aussehen:

```
1:    if (PINB == 0x50)
2:    {
3:          if (PIND == 0x50)
4:          {
5:                PORTB = 0x00;
6:          }
7:    }
```

In diesem Fall würde Zeile 5 nur dann erreicht werden, wenn an Port B und Port D jeweils den Wert *Hex: 50* anliegt.

4.5.2 switch-Abfrage

Die *If*-Abfrage ist ein brauchbares Hilfsmittel bei der Entwicklung interaktiver Applikationen. Ein kleiner Nachteil dieser Abfrage macht sich dann bemerkbar, wenn eine einzige Variable auf verschiedene Werte geprüft werden soll.

Nehmen wir an, Sie verwenden in Ihrer Anwendung einen Drehschalter, der 20 verschiedene Zustände erlaubt. Je nach Zustand liegt ein entsprechender Wert an Port B an. Die Abfrage dieser Zustände würde ein unübersichtliches *If-Else*-Konstrukt benötigen.

Dies lässt sich aber mit einer ähnlichen Art von *Abfrage*, nämlich der *switch*-Abfrage einfacher lösen:

```
#include <avr/io.h>

int main(void)
{
      DDRB = 0x00; // Port B auf Eingang schalten
      DDRA = 0xFF; // Port A auf Ausgang schalten

      switch (PINB)
```

```
9:          {
10:                  case 0x00:
11:                          PORTA = 0xFF;
12:                          break;
13:
14:                  case 0x01:
15:                          PORTA = 0xAA;
16:                          break;
17:
18:                  case 0x02:
19:                          PORTA = 0x55;
20:                          break;
21:
22:                  case 0x03:
23:                          PORTA = 0x88;
24:                          break;
25:
26:                  default:
27:                          PORTA = 0x00;
28:                          break;
29:          }
30:          return 0;
31:  }
```

Vor allem für State-Machines ist diese *switch*-Abfrage sehr hilfreich. State-Machines beschreiben eine besondere Art der Programmierung, wobei die Software von einem Zustand in einen anderen Zustand wechselt und jeder Zustand eine eigene Aufgabe ausführt.

In Zeile 8 befindet sich der Start der Anweisung. In den runden Klammern, die nach dem Schlüsselwort *switch* folgen, findet sich immer die zu überprüfende Variable (bzw. ein Port). Wir wollen den aktuellen Zustand von Port B näher untersuchen. Ferner gibt es dann verschiedene Möglichkeiten (eng.: cases), die auf den Zustand von Port B zutreffen.

In unseren Fall prüfen wir Port B auf die Werte: 0, 1, 2 und 3. Sollte an Port B der Wert 0x02 anliegen, springt die *switch*-Abfrage direkt zu Zeile 18. Dort wird anschließend der Wert 0x55 auf Port A geschrieben. Das anschließende *break* ist hier besonders wichtig.

Break bedeutet „Abbruch", und genau das wollen wir hier auch. Wir haben unseren Wert gefunden und wollen, dass der Controller die Überprüfung abbricht. Würde man das *break* nicht verwenden, würde der ganze Code, der diesem *case* noch folgt, automatisch ausgeführt. Dies ist eine der wenigen, jedoch typischen Eigenheiten der Sprache C.

Daher: Das Schlüsselwort *break* bricht an der aktuellen Stelle die weitere Ausführung der Abfrage ab und kehrt zum Programm zurück. Wird dieses *break* nicht am Ende eines jeden *case* verwendet, werden bei einer Übereinstimmung mit einem Abfragewert auch alle anderen Abfragen als „richtig“ erkannt und der komplette, noch folgende Code ausgeführt.

Würde in unserem Beispiel oben kein einziges *break* vorhanden sein und an Port B der Wert 0x00 anliegen, würden nacheinander die Zeilen 11, 15, 19, 23 und 27 ausgeführt werden. Das ist sicherlich nicht erwünscht, daher sollte man niemals das *break* vergessen.

In Zeile 26 findet sich mit *default* aber noch ein weiteres Schlüsselwort. Nehmen wir an, Port B trüge den Wert 0x20. Dann würde keine der oben angeführten *case*-Möglichkeiten zutreffen. Genau darum kümmert sich das Schlüsselwort *default.* Es bedeutet in erster Linie: „Nur wenn wirklich keine der Möglichkeiten zutrifft, mach Folgendes ...“ Sobald eine Möglichkeit „wahr“ ist, wird das *default* auch schon verworfen. Wäre der Wert im Beispiel an Port B also 0x20, würden wir an Port A den Wert 0x00 ausgeben.

Diese Art der Abfrage sieht bei einer Reihe von Anwendungen doch etwas übersichtlicher aus als eine reine *If-Abfrage.* Es sei jedoch angemerkt, dass man eigentlich immer auch eine normale *If/Else*-Abfrage statt einer *switch*-Abfrage verwenden kann.

Sie haben zu diesem Zeitpunkt bereits die wichtigsten Methoden der Softwareentwicklung in C kennengelernt. Das Einzige, was Ihnen zur erfolgreichen Entwicklung noch fehlt, sind Schleifen.

4.5.3 while-Schleife

Eine Schleife ist, wie der Name schon erahnen lässt, etwas, was sich „im Kreis“ bewegt. Genau diese Eigenschaft wird Ihnen bei Ihren Programmen eine große Hilfe sein. Was, denken Sie, passiert, nachdem Ihr Programm zu Ende ist, also die letzte Zeile von *main()* erreicht wurde? Darauf gibt es wahrscheinlich keine hundertprozentig richtige Antwort. Denn je nach Compiler und Einstellungen wird Ihr Programm sich anschließend entweder aufhängen, neu starten oder verrückte, unbestimmte Dinge tun.

Der Programmcode wird im Flash des Mikrocontrollers gespeichert. Wenn nach Ihrem Programmcode noch Zeichen im Speicher liegen (alles außer 0x00), wird der Controller dies als Maschinencode zu interpretieren versuchen. Das kann zu unerwünschten Resultaten führen. Normalerweise hängt sich der Controller aber auf und benötigt anschließend einen Reset.

Die gängigste Anwendung einer *Schleife* beginnt bereits hier. Das Programm könnte sich z. B. immer wiederholen. Es gibt hierbei zwei Möglichkeiten, wie Sie Ihre Software entwickeln können:

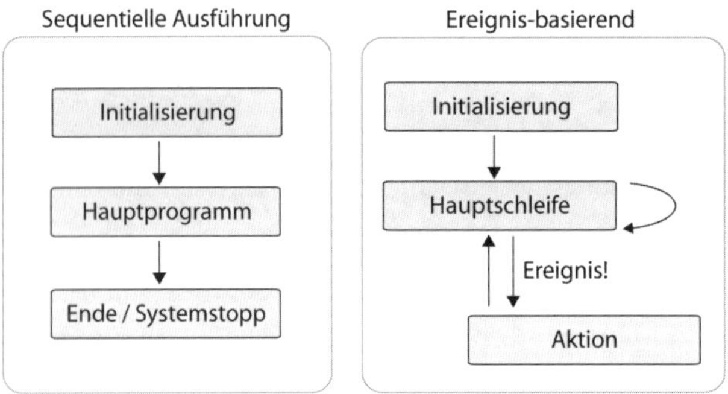

Abb. 4.4: Programmablauf

Ein Auszug, der „ewig" den Port B mit wechselnden Werten beschreibt:

```
#include <avr/io.h>

int main(void)
{
      DDRB = 0xFF; // Port B auf Ausgang schalten
      while (1)
      {
            PORTB = 0x00;
            PORTB = 0xFF;
      }
      return 0;
}
```

Die neue Funktion trägt den Namen *while*, was so viel bedeutet wie „während". Um genauer zu sein: „Während der Ausdruck in der Klammer wahr ist, führe den untergeordneten Programmblock aus".

Warum haben wir dann eine *1* in die Klammer geschrieben? In C (und generell in der Softwareentwicklung) entsprechen 0 und alle negativen Zahlen automatisch dem Zustand „nicht wahr", oder „falsch". Zahlen wie die *1* und darüber entsprechen dann dem Zustand „wahr". In unserem Fall würde das bedeuten, dass die Klammerbedingung immer „wahr" ist (weil sich die *1* dort nicht mehr verändert). Das macht durchaus Sinn, denn das ist genau unser Anliegen: bedingungslose Wiederholung des Programmblocks. Man nennt dies auch eine *Endlosschleife*. Der Controller wird in diesem Beispiel aus der Schleife nicht mehr herauskommen – zumindest solange nicht, bis Sie ihm einen Reset genehmigen.

Um sicherzugehen, dass sich Ihr Programm nach der Ausführung nicht in einen unbestimmten Zustand begibt, empfiehlt es sich auch, diese *Endlosschleife* am Ende jedes Programms zu verwenden. Vor allem natürlich bei solchen, die nur einen Durchlauf pro Reset benötigen (Beispiel: Einschaltmechanismen, bei denen der Mikrocontroller mit einer Spannungsversorgung eingeschaltet wird und dann eine kurze Routine ausführt, um anschließend „nichts mehr" zu tun).

Auch beim Testen Ihrer Software wird sich diese Schleifenmethodik als hilfreich erweisen. Sie können das Ganze auch in einer *Hang-up*-Anweisung (in dieser Zeile bleibt der Controller sicher bis zum Reset hängen) zusammenfassen:

```
1:   #include <avr/io.h>
2:
3:   int main(void)
4:   {
5:         DDRA = 0xFF; // Port A auf Ausgang schalten
6:         DDRB = 0xFF; // Port B auf Ausgang schalten
7:
8:         PORTB = 0x00;
9:         PORTA = 0xA3; // Beispiel: Einschaltcode schicken
10:        PORTB = 0xFF;
11:
12:        while(1); // Endlosschleife: Hang-up
13:
14:        return 0;
15:  }
```

Erreicht der Mikrocontroller Zeile 12, wird er sich dort bis zum nächsten Reset festhängen. Alles darunter (in unserem Fall nur *return 0*) wird niemals ausgeführt.

Die *while*-Schleife ist aber eigentlich für höhere Aufgaben bestimmt. Das könnte z. B. so aussehen:

```
#include <avr/io.h>

int main(void)
{
      DDRA = 0x00; // Port A (=Taste) auf Eingang schalten
      DDRB = 0xFF; // Port B auf Ausgang schalten

      while (PINA != 0x00) ;

      PORTB = 0xAA;

      while(1); // Endlosschleife: Hang-up

      return 0;
}
```

Die Magie passiert hier in Zeile 8. Im Wesentlichen bedeutet diese Anweisung „Solange an Port A nicht der Wert Hex: 00 anliegt, warte in einer Schleife und mache nichts“. Nehmen wir an, es liegt plötzlich der Wert *Hex: 00* an Port A an (Beispiel: eine Taste, die alle 8 Bit auf *0* schaltet). Die Schleifenbedingung ist somit nicht mehr erfüllt und der Controller springt weiter zur nächsten Anweisung in Zeile 10. Das Programm läuft schlussendlich in die Endlosschleife ab Zeile 12.

Das wäre bereits ein gutes Beispiel für *Interaktivität*, basierend auf externen Zustandsänderungen. Gehen wir einen Schritt weiter:

```
1:   #include <avr/io.h>
2:
3:   int main(void)
4:   {
5:           char a=0; // Zählvariable a mit 0 initialisieren
6:           DDRA = 0x00; // Port A (=Taste) auf Eingang schalten
7:           DDRB = 0xFF; // Port B auf Ausgang schalten
8:
9:           while (PINA != 0x00)
10:          {
11:                  a++;
12:                  PORTB = a;
13:          }
14:
15:          while(1); // Endlosschleife: Hang-up
16:
17:          return 0;
18:  }
```

Der Kern dieses Beispiels findet sich in den Zeilen 9 bis 13. Wir verwenden eine Variable *a* vom Typ *char* (Wertebereich: 0 bis 255, 8 Bit). Die *while*-Schleife hat als Bedingung, dass der Zustand an Port A nicht *Hex: 00* annimmt (wir gehen also davon aus, dass der Zustand zu Beginn *Hex: FF* ist). In der Schleife selbst wird der Wert von *a* immer um eine Einheit erhöht und anschließend der neue Wert auf Port B geschrieben.

Wenn wir davon ausgehen, dass an Port A eine Taste oder ein Schalter liegt, der zu Beginn den Zustand *Hex: FF* besitzt, würde bis zu einem Tastendruck (also einer Änderung von Port A) ständig eine Zahlenreihe an Port B ausgegeben werden.

Sie können dieses Beispiel anschaulich im Simulator verfolgen. Was wird passieren, wenn die Variable *a* den Wert *255* erreicht? Sie wird bei der nächsten Erhöhung wieder bei *0* beginnen. Man nennt dies einen „Überlauf“. Somit würde am Port eine Zahlenreihe, ähnlich dieser ausgegeben werden: „1, 2, 3, 4, 5 ... 253, 254, 255, 0, 1, 2, 3, 4 ......“

4.5.4 for-Schleife

Es gibt noch eine weitere Art von Schleifen. Während die *while*-Schleife eher als „Bedingungsschleife" gedacht ist, gilt die *for*-Schleife mehr als eine „Zählschleife".

Die *while*-Schleife sollten Sie verwenden, wenn Sie auf eine bestimmte Bedingung warten und nicht genau wissen, „wann" das passieren wird, bzw. nach wie vielen Durchläufen die Schleife endet. Bei der *for*-Schleife wissen Sie (meist) genau, wie oft die Schleife durchlaufen wird. Sie verwenden einen Zähler, und wenn dieser sein Ziel erreicht hat, wird die Schleife beendet. Ein Beispiel zur *for*-Schleife:

```
1:   #include <avr/io.h>
2:
3:   int main(void)
4:   {
5:           char i=0; // Zählvariable i mit 0 initialisieren
6:           DDRB = 0xFF; // Port B auf Ausgang schalten
7:
8:           for (i=0;i<50;i++)
9:           {
10:                  PORTB = i;
11:          }
12:
13:          while(1); // Endlosschleife: Hang-up
14:
15:          return 0;
16:  }
```

Die Anweisung in Zeile 8 sieht schon ein wenig komplexer aus. Der Aufbau einer *for*-Schleife:

for (Startanweisung; Bedingung; Schleifenanweisung)

Sie erkennen die „Dreifaltigkeit" dieser Anweisung. Sie besteht also eigentlich aus drei einzelnen Befehlen. Um genau zu sein: zwei Befehlen und einer Bedingung. Die *Startanweisung* wird nur ein einziges Mal ausgeführt, und zwar am Anfang. In unserem Beispiel wäre das *i=0*. Die Zählvariable *i* wird initialisiert. Beim späteren Durchlauf der Schleife wird diese Anweisung nicht mehr berücksichtigt.

Die *Bedingung* prüft mit jedem Durchlauf, ob die Schleife noch weiterlaufen darf. Im oben angeführten Beispiel lautet die Bedingung: „Laufe, solange die Zählvariable *i* kleiner als 50 ist". Wenn die Variable *i* nun also den Wert 50 annimmt, wird die Schleife automatisch beendet.

Die letzte Anweisung, die *Schleifenanweisung*, kümmert sich im Beispiel um die Erhöhung der Zählvariablen. Diese Anweisung wird mit jedem Schleifendurchlauf erneut aufgerufen. Mit der Anweisung *i++* wird die Variable *i* also in jeder Runde um genau eine Einheit erhöht.

Das klingt nun alles etwas komplex, jedoch liegt der große Vorteil darin, dass diese Art der Schleife eigentlich immer gleich aussehen wird. Wenn Sie einmal den Aufbau (wie oben) kennen, können Sie die Schleife immer genau so verwenden und ändern lediglich den untergeordneten Programmblock und die Schleifenbedingungen. Das Ergebnis unseres Beispiels wäre die Ausgabe der Zahlen *0* bis *49* auf Port B.

Die *Inkrementanweisung* wird erst nach dem ersten Durchlauf ausgeführt. Somit trägt die Variable *i* beim ersten Durchlauf noch den Wert *0*. Auf Port B liegt nach der Schleife der Wert *49* an, jedoch trägt die Variable *i* den Wert *50*.

Da die *for*-Schleife auch andere Parameter als *i++* akzeptiert, können Sie z. B. auch eine *Abwärtsschleife* programmieren. Dies könnte so aussehen:

```
for (i=100;i>=0;i--)
{
        PORTB = i;
}
```

In diesem Beispiel beginnt die Variable *i* mit einem Wert von *100* und zählt mit jedem Durchlauf auf *0* herunter. *0* deshalb, weil die Abfrage ja lautet: „Ist i größer als oder gleich 0?"

4.5.5 break – Abbrechen von Schleifen

Die Anweisung *break* ermöglicht den sofortigen Abbruch des aktuellen Programmblocks. Ein solcher Programmblock könnte auch eine Schleife sein. Hier zwei Beispiele zum Abbruch von Schleifen:

```
for (i=0;i<255;i++)
{
        if (i==50) break;
        PORTB = i;
}
while (PINB != 0x00)
{
        if (PINB==50) break;
        PORTB = 0x55;
}
```

Diese beiden Beispiele erklären sich von selbst. Sie können also nach einer bestimmten Abfrage entscheiden, ob Sie die Schleife schon „vorzeitig" abbrechen wollen.

Wichtig: Es wird lediglich der aktuelle Programmblock (zwischen den Klammern „{" und „}") übersprungen, nicht der komplette Code.

4.6 Arrays

Nehmen Sie einmal an, Sie wollen mit Ihrer Anwendung eine Reihe von Messdaten einlesen. Sie benötigen dafür 50 Messwerte, die auch während des Betriebes zwischengespeichert werden müssen. Eine Möglichkeit wäre es nun, 50 einzelne Variablen zu deklarieren. Das wäre sehr mühsam. Aus diesem Grund bietet uns die Programmiersprache C ein hervorragendes Konzept mit der Bezeichnung *Arrays*.

Ein Array umfasst eine „Reihe von Variablen". Sie können bestimmen, wie groß diese Reihe ist und von welchem Datentyp die Werte sind. Außerdem können Sie auf einzelne Einträge in dieser Reihe zugreifen, deren Wert setzen und lesen und auch das komplette *Array* durchlaufen. Dazu ein Beispiel:

```
1:   #include <avr/io.h>
2:
3:   int main(void)
4:   {
5:         char werte[50];
6:         char c;
7:
8:         werte[0] = 50;
9:         werte[1] = 55;
10:        werte[2] = 0;
11:
12:        c = werte[0] + werte[1];
13:
14:        werte[2] = c;
15:
16:        return 0;
17:  }
```

In Zeile 5 finden Sie die Deklaration einer solchen Reihe. Sie definieren also ganz normal den gewünschten Datentyp und eine Bezeichnung. Anschließend geben Sie in eckigen Klammern die Anzahl der Elemente Ihrer Reihe an. In unserem Fall sind das 50 Elemente. Zu Beginn des Programms enthalten diese Elemente nur unsinnige, also irgendwelche zufälligen Werte. Erwarten Sie also nie, dass Ihre Elemente den Wert *0* haben – außer Sie haben das so veranlasst.

Wichtig: Der erste Wert dieser Reihe befindet sich an der Stelle *werte[0]* und der letzte Wert an der Stelle *werte[49]*. Sie werden also kein Glück haben, den 50. Wert mit *werte[50]* zu erreichen. Das sollten Sie beachten. Die Zählung beginnt bei 0.

Sie haben es bereits erkannt: In *werte[2]* findet sich natürlich der Wert *105*.

4.6.1 Strings (Zeichenketten)

Die wohl häufigste Anwendung von *Arrays* ist die Zeichenkette bzw. *String*. Es gibt in C keinen eigenen Datentyp für „Sätze, Wörter, Texte, etc.“, lediglich den Datentyp *char*, der nur ein einzelnes Zeichen fassen kann.

Aus diesem Grund bildet man ein *Array* von *char*-Variablen, um einen ganzen Satz darzustellen. Um das Ende einer Zeichenkette zu markieren, gibt es die sogenannte *String-Terminierung*. Das Konzept ist eigentlich einfach: Der Controller hat keine Ahnung, wie lang das *Array* wirklich ist. Wenn Sie es durchlaufen, müssen Sie als Programmierer wissen, wann das letzte Element erreicht ist.

Daher hat man sich entschieden, das Ende einer Zeichenkette mit einem „Nullzeichen“ zu kennzeichnen. Das ist nichts anderes als ein Byte mit dem Wert 0x00. Somit würde ein String im Speicher immer so aussehen:

ASCII	h	a	l	l	o	
HEX Code	0x68	0x61	0x6C	0x6C	0x6F	**0x00**
Array Index	0	1	2	3	4	5

Abb. 4.5: Aufbau einer Zeichenkette

Es ist daher üblich, beim Durchlaufen einer Zeichenkette immer auf das Nullzeichen zu warten, um dann die Schleife abzubrechen. Und genau hier passiert oft der Fehler, das Nullzeichen zu vergessen. Somit läuft Ihre Schleife weiter und weiter, bis irgendwann endlich ein Nullzeichen im Speicher daherkommt.

Das klingt nach einer Lappalie, wurde jedoch zum großen Verhängnis für viele Unternehmen und Privatanwender, als die Virusprogrammierer und Hacker herausfanden, wie man diese Schwachstelle für kriminelle Zwecke nutzen kann. So wurden in verschiedenste Texteingabefelder gleich ganze Maschinencodes kopiert, die natürlich die Größe des empfangenden *Arrays* überschritten. Somit war der „bösartige Code“ im Speicher des Anwenders (oder des Webservers).

Mit dieser Technik wurde die Rücksprungadresse einer Funktion überschrieben und die CPU führte beim scheinbar normalen Rücksprung ins Hauptprogramm plötzlich den bösartigen Programmcode aus. Auch die Sprache C ist nicht perfekt. Selbst einem guten Programmierer können diese Fehler immer wieder passieren.

Zurück zu den Strings. Nehmen wir an, wir haben eine Funktion *RS232_WriteByte*, die ein Zeichen auf die serielle Schnittstelle ausgibt. Dann könnte die Verwendung einer Zeichenkette z. B. so aussehen:

```
1:        char satz[256];
2:        char i;
3:
4:        satz[0] = 'H';
5:        satz[1] = 'a';
6:        satz[2] = 'l';
7:        satz[3] = 'l';
8:        satz[4] = 'o';
9:        satz[5] = 0x00;
10:
11:       for (i=0; satz[i] != 0; i++)
12:       {
13:            RS232_WriteByte(satz[i]);
14:       }
```

Sie haben es bereits erraten: Auf dem Terminal würde das Wort „Hallo" erscheinen.

Wenn Sie die abschließende Null in Zeile 9 nicht setzen würden, würde Ihr Programm sich entweder aufhängen oder dann stoppen, wenn irgendwann im Speicher eine Null erscheint. Auch wenn man dies leicht vermuten mag: Der Controller weiß bei einer fehlenden Null nicht, dass bei satz[5] Schluss ist. Ebenso weiß er nicht, dass er spätestens bei satz[255] aufhören sollte. Er weiß gar nichts. Somit läuft er weiter und gibt den Inhalt von satz[256], satz[257], satz[258] usw. aus.

Da Ihr *Array* irgendwo im Speicher liegt, liest der Compiler bei satz[256] einfach das, was als Nächstes im Speicher steht. Reines Chaos.

Legen Sie daher entweder schon in der Schleife fest, wann genau der String zu Ende ist (in unserem Fall nach 5 Zeichen) – oder achten Sie immer auf die abschließende Null.

Würde man nun zum Formulieren eines ganzen Satzes für jedes Zeichen eine eigene Zeile benötigen, wäre das sehr umständlich und würde keinen Sinn machen. Als Abhilfe gibt es hier die *String-Funktionen*. Um diese Funktionen benutzen zu können, müssen Sie die Bibliothek *string.h* einbinden. Damit erleichtert sich die Behandlung von Zeichenketten erheblich:

```
#include <avr/io.h>
#include <string.h>

int main(void)
{
        char satz[255];
        char i;

        strcpy(satz, "Hello World");

```

```
        for (i=0; satz[i] != 0; i++)
        {
                RS232_WriteByte(satz[i]);
        }

        return 0;
}
```

Die Funktion *strcpy* kopiert eine Zeichenkette in unser *Array*. Das Nullzeichen wird dabei automatisch angehängt. Hier eine kleine Auflistung der wichtigsten Funktionen der *string.h*-Bibliothek mit den entsprechenden Parametern:

Funktionsname	Erklärung
strcpy(dest, source)	Kopiert eine Zeichenkette (source) über eine andere (dest).
strcat(dest, source)	Hängt eine Zeichenkette (source) an eine andere Zeichenkette (dest) an.
strlen(source)	Diese Funktion hat einen Rückgabewert. Gibt die Länge einer Zeichenkette (source) zurück (Anzahl der Zeichen bis zum Nullzeichen).
strncpy(dest, source, count)	Kopiert eine bestimmte Anzahl von Zeichen (count) von einer Zeichenkette (source) in eine andere (dest).
strncat(dest, source, count)	Hängt eine bestimmte Anzahl von Zeichen (count) von einer Zeichenkette (source) an eine andere Zeichenkette (dest) an.

Abschließend ein Beispiel der verschiedenen Funktionen:

```
#include <avr/io.h>
#include <string.h>

int main(void)
{
        char satz1[255];
        char wort1[40];
        char wort2[40];
        char wort3[40];
        char i;

        strcpy(wort1, "So ");
        strcpy(wort2, "funktioniert ");
```

```
        strcpy(wort3, "das nicht");

        satz1[0] = 0;

        strcat(satz1, wort1);
        strcat(satz1, wort2);
        strncat(satz1, wort3, 3);

        for (i=0; satz1[i] != 0; i++)
        {
            RS232_WriteByte(satz1[i]);
        }

        return 0;
}
```

4.7 Bit-Operationen

Im folgenden Unterkapitel lernen Sie die wahrscheinlich wichtigsten Methoden der hardwarenahen Softwareentwicklung kennen, die sogenannten *Bit-Operationen*.

Mit Bit-Operationen können Sie, wie das Wort schon erklärt, im „Bit-Bereich" arbeiten. Der Datentyp *char* ist der kleinste zur Verfügung stehende Datentyp und 8 Bit groß.

Ein Port hat auch eine Adressierungsbreite von 8 Bit. Wie aber sollen Sie z. B. den 3. Pin auf Port B schalten, wenn Sie nur 8-Bit-Werte schreiben können? Genau dazu benötigen Sie die Bit-Operationen.

4.7.1 Allgemeines

Die „Grundrechenarten der Bit-Operationen" sind:

- *AND*-Verknüpfung (Operator: &)
- *OR*-Verknüpfung (Operator: |)
- *XOR*-Verknüpfung (Operator: ^)
- *NOT*-Operation (Operator: ~)

Bei allen Verknüpfungen haben Sie zwei Operanden zur Verfügung und bekommen anschließend ein Ergebnis.

Die *AND*-Verknüpfung arbeitet nach folgendem Satz: „Nur wenn beide Bits den Wert 1 haben, ist das Ergebnis 1, sonst 0".

Die *OR*-Verknüpfung arbeitet so: „Wenn eines der beiden Bits oder beide Bits den Wert 1 hat/haben, so lautet das Ergebnis 1".

Die *XOR*-Verknüpfung funktioniert so: „Nur wenn eines der beiden Bits den Wert 1 trägt, das andere aber den Wert 0 besitzt, ist das Ergebnis 1, sonst 0".

Achtung: Die *NOT*-Operation benötigt nur einen Operanden. Sie kehrt lediglich den Wert selbst um, wandelt also alle *1* in *0* und umgekehrt.

Beispiele:

- 1 & 1 = 1
- 1 & 0 = 0
- 0 & 0 = 0
- 1 | 1 = 1
- 1 | 0 = 1
- 0 | 0 = 0
- 1 ^ 1 = 0
- 1 ^ 0 = 1
- 0 ^ 0 = 0
- ~1 = 0
- ~0 = 1

Jetzt kennen Sie die Grundfunktionsweise der Bit-Operationen, wissen aber immer noch nicht, wie Sie an den dritten Pin von Port B herankommen. Daher nähern wir uns den Bit-Operationen im 8-Bit-Bereich:

Beispiele:

- 00001111 & 00000001 = 00000001
- 11110000 & 00001111 = 00000000
- 11110000 & 00000000 = 00000000
- 11110000 | 00000000 = 11110000
- 11110000 | 00001111 = 11111111
- 11110000 ^ 00001111 = 11111111
- 11110000 ^ 11110000 = 00000000
- ~11110000 = 00001111
- ~01010101 = 10101010

Das ist ein beträchtlicher Bit-Block. Nehmen Sie sich die Zeit und überlegen Sie, wie die Ergebnisse in den Beispielen zustande gekommen sind.

Jedes Bit wird mit einem Bit an derselben Stelle des anderen Wertes gemäß Bit-Operation verknüpft. Um das richtige Ergebnis zu bekommen, müssen Sie also lediglich die oben angeführten Bit-Operationen für diese 8-Bit-Werte Bit für Bit durchführen.

Damit ist noch immer nicht geklärt, wie sich Pin 3, Port B verändern lässt. Wir sind der Lösung aber schon sehr nahe. Analysieren wir die oben angeführten Beispiele, lassen sich folgende Aussagen treffen:

Um ein bestimmtes Bit zu setzen, eignet sich die *OR-Operation* am besten. Nur bei dieser Operation bleiben alle anderen Bits unverändert und eine zusätzliche *1* bewirkt das Setzen eines Bits. Hier die praktische Erklärung:

- 00001111 | 00100000 = 00101111

Bezeichnen wir den ersten Wert (00001111) als Variable und den zweiten Wert als Modifikator. Der Modifikator ist Ihr eigentliches Werkzeug. Mit diesem Wert können Sie einzelne Bits der Variable beliebig verändern. In diesem Fall, bei Verwendung der *OR*-Verknüpfung, können Sie die Bits setzen.

Um ein einzelnes Bit zu löschen, bietet sich die *AND*-Verknüpfung an. Außerdem wird hier noch die *NOT*-Operation benötigt. Diese wird aber nur auf den Modifikator angewandt. Das würde (nehmen wir an, wir wollen das dritte Bit löschen) anhand eines Beispiels etwa so aussehen:

- Wert: 00001111
- Modifikator: 00000100 (Wir wollen Bit 3 löschen)
- ~Modifikator: 11111011
- Wert & (~Modifikator): 00001111 & 11111011 = 00001011
- Also: Bit 3 wurde gelöscht!

4.7.2 Bit-Operationen in C

Es bedarf natürlich gewisser Übung, um diese Bit-Operationen in der Praxis einfach und schnell anwenden zu können. Glücklicherweise gibt es in C hierfür eine praktische „Abkürzung":

```
/* Helfermakros ********************/
#define setbit(P,BIT)   ((P) |= (1<<(BIT)))
#define clearbit(P,BIT) ((P) &= ~(1<<(BIT)))

setbit(PORTB, 1);
clearbit(PORTD, 4);
```

In früheren Versionen von AVRGCC gab es die Funktionen *sbi* und *cbi*, was so viel wie *Set Bit* und *Clear Bit* bedeutet. Diese wurden aber vor kurzer Zeit aus der Bibliothek entfernt. Damit Sie diese praktischen Funktionen dennoch verwenden können, müssen Sie dazu zwei kleine Makros definieren. Diese finden Sie oben in den Zeilen 2 und 3. Sie können diese beiden Zeilen in jedem Ihrer Programme wiederverwenden. Kopieren Sie die Zeilen dazu direkt unter die *#include*-Anweisungen.

Die Zeilen 5 und 6 demonstrieren die Anwendung. Der erste Parameter ist der zu verändernde Wert, der zweite Parameter ist das zu verändernde Bit (beginnend mit 0).

4.8 ISR: Interrupt-Service-Routine

In dem nun folgenden Abschnitt finden Sie Hinweise zur Programmierung von sogenannten Interrupt-Service-Routinen. Diese Funktionen werden automatisch vom Prozessor aufgerufen, wenn die Interruptbenachrichtigung eingeschaltet ist und ein bestimmter Interrupt ausgelöst wird (Beispiel: Empfang eines Zeichens über die serielle Schnittstelle).

Solch eine Interrupt-Funktion kann in C etwa so aussehen:

```
SIGNAL(TIMER0_OVF_vect)
{
        // Zustandsänderung auf Port D (entweder 0x00 oder 0xFF)
        PORTD = 0xFF - PORTD;
}
```

Sie merken: Diese Funktion sieht etwas ungewöhnlich aus. Es gibt hier keinen Rückgabewert – auch kein *void*. Außerdem sind keine Parameter möglich. Das „Skelett" einer ISR sieht so aus:

```
SIGNAL ( INTERRUPTVEKTOR )
{
}
```

Dabei ändert sich lediglich die Bezeichnung *INTERRUPTVEKTOR*, je nachdem, welchen Interrupt Sie abfangen wollen. Auf Seite 137 sehen Sie eine Übersicht der wichtigsten Interrupts.

Eine umfangreichere Liste finden Sie unter http://www.nongnu.org/avr-libc/user-manual/group__avr__interrupts.html.

Sie sollten auf alle Fälle die neue Bezeichnung (1. Spalte) verwenden. Diese wurde erst vor kurzem (Seit: avr-libc 1.4.0) eingeführt und wird langfristig die auslaufenden Bezeichnungen ersetzen. Ein Großteil der im Internet verbreiteten Software verwendet aber noch die alte Bezeichnung – daher führt diese Liste beide Varianten.

Vektor	Alte Bezeichnung	Beschreibung
ADC_vect	SIG_ADC	ADC Conversion Complete
ANA_COMP_vect	SIG_COMPARATOR	Analog Comparator
ANALOG_COMP_vect	SIG_COMPARATOR	Analog Comparator
INT0_vect	SIG_INTERRUPT0	External Interrupt 0
INT1_vect	SIG_INTERRUPT1	External Interrupt Request 1
INT2_vect	SIG_INTERRUPT2	External Interrupt Request 2
INT3_vect	SIG_INTERRUPT3	External Interrupt Request 3
SPI_STC_vect	SIG_SPI	Serial Transfer Complete
TIMER0_COMP_vect	SIG_OUTPUT_COMPARE0	Timer/Counter0Compare Match
TIMER0_OVF_vect	SIG_OVERFLOW0	Timer/Counter0 Overflow
TIMER1_CAPT_vect	SIG_INPUT_CAPTURE1	Timer/Counter Capture Event
TIMER1_OVF_vect	SIG_OVERFLOW1	Timer/Counter1 Overflow
TIMER2_COMP_vect	SIG_OUTPUT_COMPARE2	Timer/Counter2 Compare Match
TIMER2_OVF_vect	SIG_OVERFLOW2	Timer/Counter2 Overflow
TWI_vect	SIG_2 WIRE_SERIAL	2-wire Serial Interface
UART_RX_vect	SIG_UART_RECV	UART, Rx Complete
UART_TX_vect	SIG_UART_TRANS	UART, Tx Complete
UART_UDRE_vect	SIG_UART_DATA	UART Data Register Empty
USART_RX_vect	SIG_USART_RECV, SIG_UART_RECV	USART, Rx Complete
USART_RXC_vect	SIG_USART_RECV, SIG_UART_RECV	USART, Rx Complete
USART_TXC_vect	SIG_USART_TRANS, SIG_UART_TRANS	USART, Tx Complete

Achtung: Nicht alle der oben angeführten Bezeichnungen gelten für jeden Controller. Diese Auswahl ist zwar auf den meisten ATmega8-ähnlichen Varianten verfügbar, Genaueres finden Sie jedoch im entsprechenden Datasheet bzw. der Dokumentation Ihres C-Compilers.

Die „neue Schreibweise" für eine Interrupt-Funktion hat sich ebenfalls geändert und sieht nun so aus:

```
ISR ( INTERRUPTVEKTOR )
{
}
```

Es hat sich also lediglich das Wort *SIGNAL* in die Bezeichnung *ISR* gewandelt. Sie kennen hiermit nun beide Varianten und werden in der Praxis auch noch eine Weile beides antreffen.

Als letzten Schwerpunkt möchte ich Ihnen noch einen wichtigen, wenn auch unvollständigen Einblick in die „Tiefen" der C-Programmierung geben. Sie werden die hier vorgestellten Methoden wahrscheinlich relativ oft in der praktischen Anwendung finden, vor allem, wenn Sie sich den Quellcode anderer Entwickler – z. B. im Internet – ansehen.

4.9 Pointer (Zeiger)

Die deutsche Übersetzung für den Pointer trifft es eigentlich sehr klar: Es handelt sich um einen Zeiger, also etwas, was uns auf einen anderen Ort hinweist.

Die Programmiersprache C bietet ein überschaubares Angebot an Datentypen. Sie können normale Zahlen, Buchstaben und Fließkommawerte speichern.

Bei einer Variable handelt es sich dabei um einen reservierten Bereich im Speicher. Je nach Datengröße Ihrer Variable benötigen Sie eine gewisse Anzahl an Speicherplätzen (gemessen in Byte). Demnach bekommt also auch jede Variable eine bestimmte Speicheradresse, an der sie die Daten im SRAM abspeichert. Hier eine grafische Veranschaulichung:

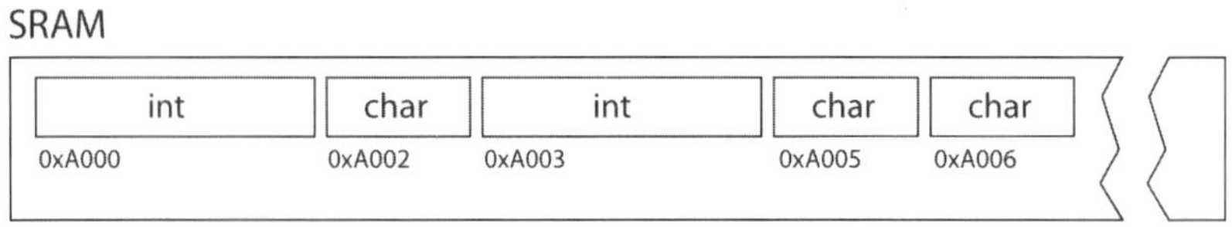

Abb. 4.6: Variablen in SRAM

Nun existiert aber noch eine weitere Art von Variable, nämlich die bereits angekündigte Zeigervariable (eng.: Pointer). Der Sinn dieser Variablen besteht in der Speicherung von Adressen. Sie merkt sich also, wo andere Variablen im Speicher platziert sind. Sie merkt sich auch, welcher Datentyp sich an einer bestimmten Adresse befindet. So benötigt ein *char* etwa nur 1 Byte im Speicher, während ein *int* schon 2 Bytes belegt. Aus diesem Grund hat man sich für eine einfache und doch logische Bezeichnung entschieden:

- char* pt1;
- int* b;
- double* d;

Der Stern bedeutet immer *Zeiger*. Von welchem Typ dieser Zeiger ist (bzw. „... welchen Datentyp die Variable besitzt, auf die dieser Zeiger deutet"), sehen Sie direkt davor. So zeigt z. B. eine *char**-Variable auf einen 1 Byte *char*-Wert.

Das folgende Beispiel bringt Ihnen die Funktionsweise von Pointern etwas näher:

```
1:   #include <avr/io.h>
2:
3:   int main(void)
4:   {
5:         char i;
6:         char* p;
7:         int j;
8:         int* k;
9:
10:        i = 5;
11:        p = 10;
12:        p = &i;
13:        *p = 8;
14:        j = 0;
15:        k = &j;
16:        *k = 15;
17:
18:        return 0;
19:  }
```

Nun lautet die vermeintliche Fangfrage natürlich: „Welchen Wert enthalten die Variablen i und j am Ende des Programms?“

Lösen wir das Problem nach altbekanntem Schema, also Zeile für Zeile: In den Zeilen 5 bis 8 finden Sie die Deklaration von je zwei Variablen und zwei Zeigern eines passenden Typs. Mit Zeile 10 bekommt die Variable *i* den ersten Wert zugewiesen, nämlich 5. In Zeile 11 geben wir der Zeigervariable *p* den Wert 10. Zu diesem Zeitpunkt „zeigt“ die Variable nun auf den Speicherplatz an der Adresse 10. Es wird auf ein Byte gezeigt. Es handelt sich um einen Zeiger des Typs *char*, also nur ein Byte.

In Wirklichkeit sagt uns diese Aktion wenig, wir wissen ja nicht, was an dieser ominösen Speicherstelle 10 zu finden ist. Interessanter wird es in der folgenden Zeile. In Zeile 12 wird der Zeigervariable *p* nun die Adresse der Variable *i* zugewiesen. Wenn Sie vor einer Variablen das *Ampersand* (ein kaufmännisches „Und“, also &) anführen, setzt der Compiler nicht den Inhalt der Variable an diese Stelle, sondern die Adresse. Das ist entscheidend.

Unsere Zeigervariable *p* zeigt nun also an die Speicherstelle, an der sich die Variable *i* befindet. Würden wir eine Ausgabemöglichkeit (Terminal, etc.) zur Verfügung haben, könnte man den genauen Speicherort der Variable *i* ausgeben.

Noch mehr passiert in Zeile 13. Hier finden Sie den Stern vor der Zeigervariablen. Das ist nun die umgekehrte Funktion dessen, was wir eben gesehen haben. Es wird hier also nicht die Adresse eingesetzt, sondern der „Wert“ an dieser Adresse.

Um nun aber an den Zielort zu gelangen, also an die Stelle, an die diese Adresse zeigt, benötigen wir den Stern-Operator. Hier ein einfacher Vergleich:

Sehen Sie sich den Code in Zeile 11 und Zeile 13 an. In beiden Zeilen weisen wir der Zeigervariable *p* einen Wert zu. Der wesentliche Unterschied besteht darin, dass wir in Zeile 11 die Adresse, auf die *p* zeigt, verändern – und in Zeile 13 an diese Adresse gehen und den Wert, der sich dort befindet, ändern. Hier eine Grafik:

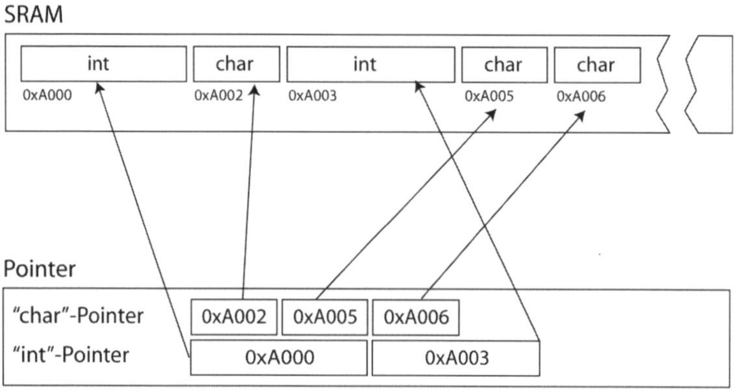

Abb. 4.7: Funktion eines Pointers

Die restlichen Zeilen sollten nun ein Kinderspiel sein. Die richtige Antwort lautet also: *i=8* und *j=15*. Was in *p* und *k* steht, wissen wir nicht; es handelt sich dabei ja lediglich um irgendwelche Adressen im Speicher.

5 Anwendungen

5.1 Serielle Kommunikation

Zu den häufigsten Anwendungen bei der Entwicklung am Mikrocontroller zählt die serielle Kommunikation. Entweder mit einem PC oder mit einem anderen Mikrocontroller. Das erste Anwendungsbeispiel stellt daher ein typisches Szenario dar:

Der PC wird mit dem Mikrocontroller verbunden. Auf dem PC wird mithilfe eines Terminals die serielle Kommunikation mit dem Mikrocontroller hergestellt. Anschließend kann der Anwender dem Mikrocontroller einige Befehle schicken und bekommt darauf jeweils eine entsprechende Antwort.

Dieses einfache Beispiel bietet Ihnen einen guten Ausgangspunkt für neue Projekte, denn die serielle Schnittstelle werden Sie zumindest während der Entwicklung öfter benutzen.

> **!** Sie sollten einen Blick auf die Webseite zum Buch werfen unter: **http://www.avrbuch.de** - Dort finden Sie letzte Änderungen und aktuelle Updates zu den Beispielen in diesem Buch.

5.1.1 Benötigtes Material

- ATmega8, ATmega16, ATmega32, ... Je nach gewähltem Mikrocontroller müssen Sie eventuell die Pin-Zuweisungen bzw. die Schaltung etwas abändern.
- 3,868-MHz-Quarz (Standard bei STK500 und myAVR)
- MAX232 (wenn Sie kein Entwicklungsboard verwenden)
- Serielles Kabel
- PC mit zwei seriellen Schnittstellen (bei Verwendung von STK500)
- Terminalprogramm *AVR Terminal* (auf beigelegter CD)

5.1.2 Instandsetzung der Hardware

Der erste Schritt ist, die Hardware funktionstüchtig zu machen. Hier passieren die häufigsten Fehler, daher finden Sie auf der beigelegten CD-ROM bereits eine vorkompilierte HEX-Datei, die Sie nur mehr in Ihren Controller flashen müssen. Sollte die Anwendung nicht funktionieren, liegt der Fehler vermutlich im Hardwareaufbau.

Wir gehen hier der Einfachheit halber vom STK500 aus. Sollten Sie ein STK500-kompatibles Board besitzen, sollten die meisten Schritte identisch sein. Wenn Sie Ihren eigenen Aufbau verwenden, sollten Sie bei diesem Beispiel eigentlich auf keine gröberen Probleme stoßen.

Bei einem fliegenden Aufbau dürfen Sie den MAX232 nicht vergessen, hier die Schaltung:

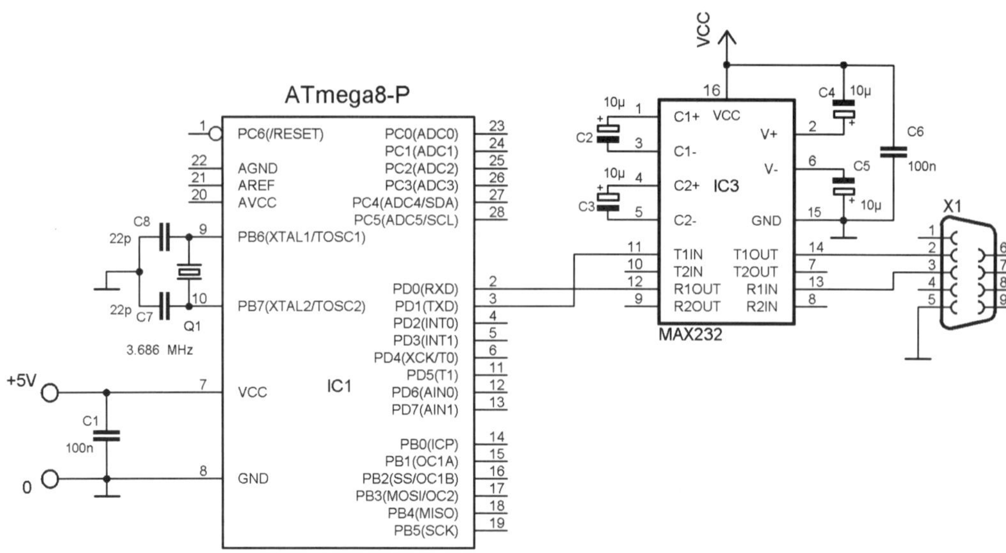

Abb. 5.1: RS232-Grundschaltung

Abb. 5.2 zeigt den schematischen Aufbau dieses Beispiels.

Das STK500 besitzt zwei serielle Schnittstellen mit den Bezeichnungen *RS232 CTRL* und *RS232 SPARE*. Erstere dient der Kommunikation zwischen dem AVR-Studio und dem STK500, die andere der eigentlichen Verbindung zwischen dem Mikrocontroller und dem Terminalprogramm.

Auf der beigelegten CD finden Sie ein einfaches Terminalprogramm mit dem Namen *AVR Terminal*. Das Programm muss nicht installiert werden und läuft

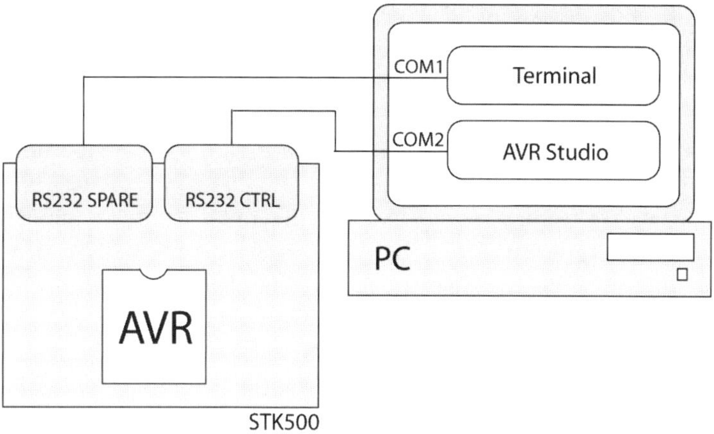

Abb. 5.2: Aufbau des Projekts

direkt von der CD. Eine aktuelle Version finden Sie außerdem immer unter www.avrbuch.de. Das Terminalprogramm befindet sich auf der CD unter \Software\AVR Terminal\AvrTerminal.exe.

Zurück zum Beispiel. Der Quellcode dafür ist ebenfalls auf beigelegter CD unter \Beispiele\SerielleKommunikation\ zu finden. Das HEX-File befindet sich in \Beispiele\SerielleKommunikation\default\SerielleKommunikation.hex.

Achtung: Sollten Sie keinen ATmega8 verwenden, denken Sie bitte daran, den Quellcode direkt im AVR-Studio zu öffnen, um ihn dort neu für Ihr Chipmodell zu kompilieren. Sie finden außerdem eine stark vereinfachte Version dieser Anwendung im Verzeichnis \Beispiele\SeriellMinimal\.

Starten Sie nun das AVR-Studio und flashen Sie die HEX-Datei in den Mikrocontroller. Anschließend starten Sie das Terminalprogramm und stellen es auf den entsprechenden COM-Port ein. Dabei ist zu beachten, dass das AVR-Studio bereits einen COM-Port für die Kommunikation mit dem STK500 verwendet. Sie müssen im Terminalprogramm noch die Kommunikationsparameter einstellen auf:

Baudrate: 9.600
Datenbits: 8
Parity: Keine/None
Stoppbits: 1
Flusskontrolle: Keine/None

Wenn das alles erledigt ist, brauchen Sie nur noch die RESET-Taste am STK500 zu drücken und sollten unmittelbar darauf schon eine Willkommensnachricht im Terminalfenster sehen. Wenn nicht, sollten Sie Folgendes überprüfen:

- Verfügt das STK500 über Strom und leuchtet die STATUS-LED grün? Es sollten eine rote und zwei grüne LEDs leuchten. Wenn nicht, besteht ein Problem mit der Stromversorgung. Die STK500-Firmware könnte auch beschädigt sein (das ist oft der Fall, wenn die LEDs eine andere Farbe zeigen oder blinken).
- Haben Sie die COM-Ports richtig eingestellt? COM1 z. B. für das AVR-Studio und COM2 im Terminalprogramm?
- Haben Sie die RXD/TXD-Leitungen am STK500 richtig mit den entsprechenden Mikrocontroller-Pins verbunden? Dazu finden Sie zwei Pins mit der Bezeichnung *RS232 SPARE* am unteren Ende des Boards (bei den Tasten), die beim ATmega8 (als Beispiel) über ein Kabel mit den Pins PortD.0 (RXD) und PortD.1 (TXD) verbunden werden müssen.
- Sind alle Jumper in der Standardeinstellung? Vor allem der Jumper *OSCSEL* sollte Pin 2 und Pin 3 verbinden (also „rechts" gesteckt sein). So wird der Oszillator des STK500 verwendet (Takt: 3,68 MHz).
- Funktioniert Ihre serielle Schnittstelle? Testen Sie das eventuell mit einem Nullmodemkabel und einem anderen PC.
- Haben Sie vielleicht während des Programmierens irgendwo eine Fehlermeldung übersehen?

5.1.3 Bedienung und Funktion

Dieses einfache Programm meldet sich am Beginn mit einer Willkommensnachricht. Sie können anschließend folgende Befehle über Ihr Terminalprogramm eingeben:

- version
- show
- up
- down

Um einen Befehl an den Mikrocontroller zu schicken, müssen Sie die *Enter-Taste* drücken.

5.1.4 Erklärungen

Sie werden merken, dass das Beispiel zwar ein einfaches Programm ist, aber einige fortgeschrittene Anweisungen und Routinen enthält. Folgende Tipps werden helfen, das Beispiel komplett verstehen zu können.

Die Funktionen *setup_uart(), uart_putchar(), uart_getchar()* kennen Sie bereits aus dem Buch. Es wurden in diesem Beispiel jedoch zwei weitere Funktionen erstellt: *uart_putstring()* und *uart_readline()*.

Die Funktion *uart_putstring()* ist einfach zu verstehen. Sie durchläuft ein *char*-Array, gibt Zeichen für Zeichen auf die serielle Schnittstelle aus und bricht beim Auffinden des *0*-Zeichens (Ende der Zeichenkette) die Funktion ab. Die Schleife durchläuft maximal 255 Zeichen, verhindert also einen Überlauf. Mit dieser Funktion können Sie also relativ einfach ganze Zeichenketten auf die Schnittstelle ausgeben.

Die Funktion *uart_readline()* sieht etwas komplizierter aus, ist aber ähnlich einfach wie *uart_putstring()*. In *uart_readline()* wird Zeichen für Zeichen von der seriellen Schnittstelle eingelesen – so lange, bis ein Zeichen mit dem ASCII-Code 13 empfangen wird. Dieses Zeichen bedeutet *New Line* und entspricht im Wesentlichen der *Enter*-Taste auf Ihrer Tastatur.

In Wirklichkeit wird mit dem ASCII-Code 10 sogar noch ein zweites Zeichen für die *Enter*-Taste übermittelt. Somit entspricht die *Enter*-Taste eigentlich den Zeichen 13 und 10. Uns reicht hier aber schon das Auftreten der 13, um die Zeile abzuschließen. Wichtig ist dabei, dass die Zeichenkette am Ende mit einem 0-Zeichen abgeschlossen werden muss.

Im Hauptprogramm finden Sie eine Endlosschleife, die nach folgendem Schema abläuft:

- Warten, bis ein ganzer Befehl empfangen wurde.
- Um welchen Befehl handelt es sich?
  - *version*: Gib Versionsnummer aus.
  - *up*: Erhöhe eine Variable um eine Einheit.
  - *down*: Verringere eine Variable um eine Einheit.
  - *show*: Zeige den Inhalt der Variable an.
- Beginne die Schleife wieder von vorne ...

Die Funktion *strcmp()* vergleicht zwei Zeichenketten miteinander.

Achtung: Wenn beide Zeichenketten identisch sind, liefert die Funktion den Wert *0* zurück, ansonsten eine Zahl verschieden von Null, also etwa 1 oder –1. Wichtig in diesem Zusammenhang ist auch, dass die Zeichenketten bei der Groß- und Kleinschreibung ebenfalls identisch sein müssen.

Die letzte, jedoch wichtigste Neuerung in diesem Programm finden Sie im Code für die Abwicklung des Befehls *show*. Dort wird eine Funktion mit dem Namen *itoa()* verwendet. Dies bedeutet so viel wie *Integer To ASCII* – wandelt eine Zahl also in eine Zeichenkette um.

Wenn Sie die Zahl 65 digital darstellen wollen, handelt es sich dabei eigentlich um zwei ASCII-Zeichen, nämlich 6 und 5. Das ASCII-Zeichen mit dem Code 65 würde ja dem Zeichen *A* entsprechen (siehe ASCII-Tabelle im Anhang) – so funktioniert das also nicht.

Da Sie in Ihrem Programm mit sogenannten Zahlenvariablentypen (int, char, long, ...) arbeiten, müssen Sie diese Zahlen erst in eine Zeichenkette umwandeln. Und genau das ist mit der Funktion *itoa()* möglich. Der erste Parameter ist Ihre Zahl. Der zweite Parameter ist ein *char*-Array (also eine Zeichenkette) und der dritte Parameter entspricht der Zahlenbasis. Die Zahlenbasis für eine Dezimalzahl ist 10.

Wollen Sie Ihre Zahl z. B. hexadezimal ausgeben, wählen Sie hier 16 als Zahlenbasis. Eine binäre Ausgabe würden Sie mit der Basis 2 erreichen. Versuchen Sie es!

5.2 Die LCD-Steuerung (HD44780 kompatibel)

Im folgenden Beispiel werden wir uns mit der einfachen Ansteuerung eines HD44780-kompatiblen LC-Displays befassen. Gleich vorweg sei erwähnt, dass dieses Beispiel wirklich nur die einfachste Variante darstellt.

Die meisten LC-Displays erlauben beispielsweise die Anzeige benutzerdefinierter Zeichen zur Darstellung von Balken, Animationen oder ähnlichen Spielereien.

> **!** Sie sollten einen Blick auf die Webseite zum Buch werfen unter: **http://www.avrbuch.de** - Dort finden Sie letzte Änderungen und aktuelle Updates zu den Beispielen in diesem Buch.

5.2.1 Benötigtes Material

- ATmega8, ATmega16, ATmega32, ... Je nach gewähltem Mikrocontroller müssen Sie eventuell die Pin-Zuweisungen ändern, bzw. die Schaltung etwas abändern.
- HD44780 kompatibles LCD, 1 oder 2 Zeilen, 16 Zeichen.

Hinweis: Wenn Sie das *myAVR-Board* besitzen, empfehle ich Ihnen das *myAVR LCD Add-on*. Das folgende Beispiel wurde mit dieser Kombination entwickelt und funktioniert ohne Änderungen der Konfiguration direkt am Board.

5.2.2 Instandsetzung der Hardware

Für dieses Beispiel benötigen Sie ein LCD, das Sie über sechs Leitungen mit dem Mikrocontroller verbinden müssen. Vier dieser Leitungen dienen der reinen Datenübertragung, zwei weitere der Steuerung.

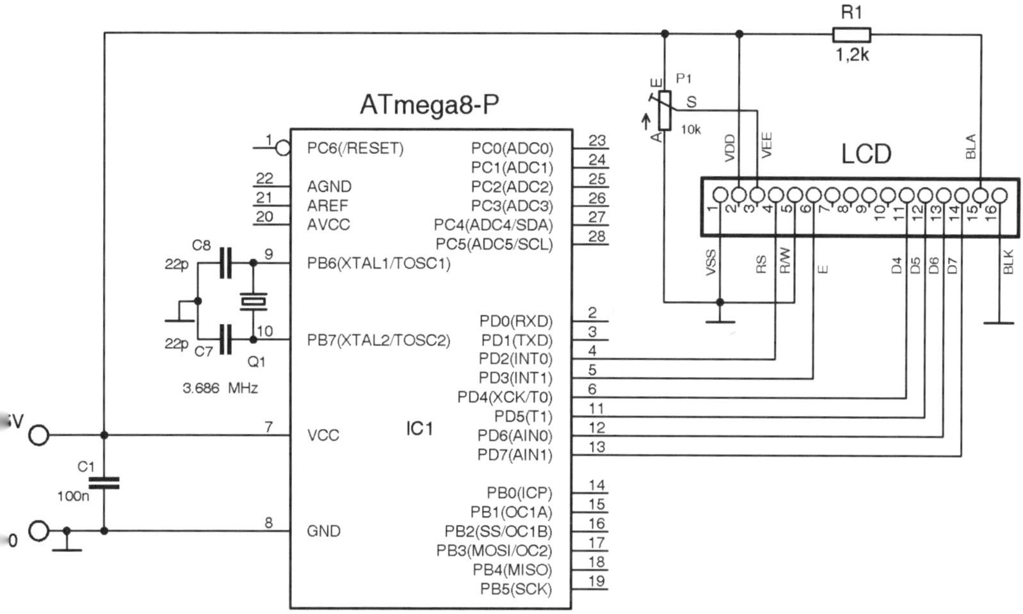

Abb. 5.3: Schaltung der LCD-Steuerung

Das Display selbst benötigt natürlich auch eine Spannungsversorgung. Abb. 5.3 zeigt die genaue Verbindung der beiden Komponenten.

5.2.3 Wie funktioniert ein LC-Display?

In den meisten Fällen besteht ein LCD aus einem Display und einem LCD-Controller. Der Controller dient hier als eine Art „Betriebssystem" bzw. Steuerprogramm für die Ausgabe auf dem Display. Er sagt dem Display, wann, wo und wie etwas leuchten soll. Ihr Mikrocontroller schickt diesem LCD-Controller bestimmte Befehle, die z. B. das Display löschen, ein Zeichen ausgeben usw.

Glücklicherweise hat sich eine Art „Quasi-Standard" im Bereich der LCD-Controller etabliert. Da natürlich viele Anbieter ihre eigenen Controller auf den Markt bringen wollten, blieb es nicht bei einem einheitlichen Standard. Viele Anbieter haben aber die einfache Verwendung des *Hitachi-HD44780*-Controllers erkannt und ihre Controller dazu kompatibel entworfen.

In den meisten Fällen werden Sie auf Ihrem LCD also gar keinen echten Hitachi-Chip finden, sondern lediglich eine kompatible Ausführung. Das sollte aber keinen Unterschied machen, solange er Ihre Befehle korrekt ausführt.

Die meisten Displays besitzen ein oder zwei Zeilen mit 8 bis 16 darstellbaren Zeichen pro Zeile. Es sind hier natürlich viele Varianten erhältlich, die, je nach Anwendung und Preis, ebenso verwendet werden können.

Um z. B. erstmalig ein Zeichen darstellen zu können, ist folgende Vorgangsweise erforderlich:

- 4-Bit-Modus einschalten (nicht unbedingt nötig, aber wir verwenden die 4-Bit-Adressierung in unserem Beispiel, um Pins für eine eventuell spätere Erweiterung zu sparen)
- Weitere Konfigurationseinstellungen festlegen (2-Zeilen-Modus einschalten, 5x8-Zeichenmatrix, ...)
- LCD ausschalten und löschen
- LCD wieder einschalten
- Zeichen an den Controller schicken

Sie müssen den Controller erst konfigurieren, und können ihn dann im laufenden Programm mit verschiedenen Befehlen (Ausgabe, Löschen, Cursor Ein/Aus, ...) versorgen.

Hier eine Übersicht der möglichen Befehle (Vgl. dazu: Riedel, Huwaldt: Lehrheft LCD Programmierung, 5. Aufl. 2006):

- Display Ein/Aus
- Display löschen
- Startmodus (Entry Mode) setzen
- Konfiguration für 1- oder 2-zeiliges Display und 5x8- oder 5x10-Zeichenmatrix
- Adresse des Zeichengenerator RAM setzen
- Adresse des Display RAM setzen
- Cursor bzw. Display auf Anfangsposition zurückstellen
- Cursor oder Display verschieben
- Cursorfunktionen (Beispiel: „blinken“)
- Daten schreiben

5.2.4 Senden von Daten und Befehlen an das LCD

Der LCD-Controller unterscheidet zwischen *Befehlen* und *Daten*. Vor jedem Übertragungsvorgang sollten Sie dem Controller mitteilen, was er zu erwarten hat. Da wir hier den 4-Bit-Modus verwenden, sind vier Datenleitungen für die Übermittlung von Nutzdaten zuständig und zwei für die Steuerung der Übermittlung. Diese zwei Leitungen heißen:

- *E* – Enable Signal (High = LCD stellt sich auf Empfang ein)
- *RS* – Gibt an, ob es sich um Daten (High) oder Befehl (Low) handelt.

Vor jedem Sendevorgang sollte man daher zuerst die RS-Leitung entsprechend setzen. Wenn z. B. ein Befehl gesendet werden soll, wird die RS-Leitung auf *Low* gestellt und anschließend der Befehl übermittelt.

Die folgenden Diagramme zeigen die entsprechenden Leitungszustände:

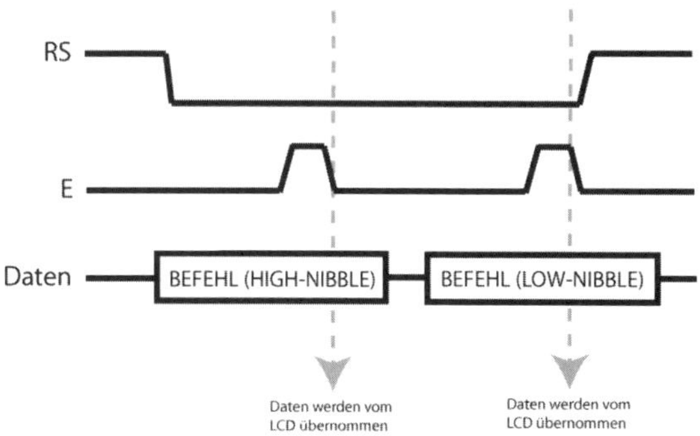

Abb. 5.4: Befehl senden.

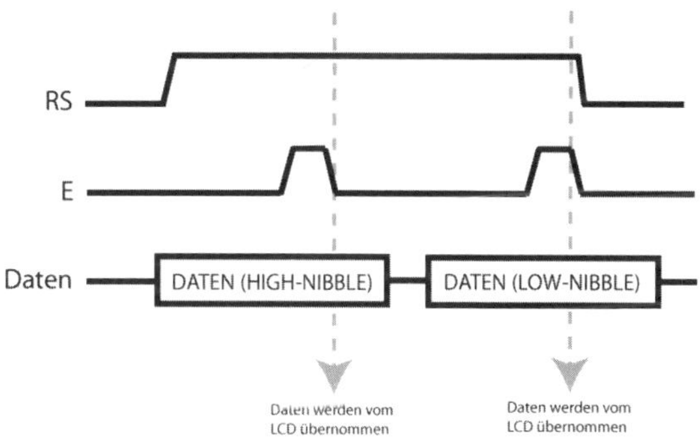

Abb. 5.5: Daten senden.

An den Diagrammen erkennen Sie auch die notwendige Zustandsänderung an der *E*-Leitung. Wenn Sie diese Leitung auf *High* und anschließend wieder auf *Low* setzen, übernimmt der LCD-Controller die Daten, die in dieser Zeit an den Datenleitungen anliegen.

Außerdem sehen Sie: Da wir den 4-Bit-Modus verwenden, müssen wir zuerst das obere *Nibble* (Ein *Nibble* beschreibt die oberen oder unteren 4-Bit eines 8-Bit-Wertes – 8 Bit = 2 Nibbles) und anschließend das untere *Nibble* übermitteln.

Die Vorgangsweise lässt sich daher so zusammenfassen:

- *RS* auf *high* oder *low* setzen (Daten oder Befehl)
- Die oberen 4-Bit auf die vier Datenleitungen schreiben
- *E*-Leitung kurz (etwa 1 µs) auf *high* schalten, anschließend wieder zurück auf *low*.

- Die unteren 4-Bit auf die vier Datenleitungen schreiben.
- *E*-Leitung kurz (etwa 1µs) auf *high* schalten, anschließend wieder zurück auf *low*.

In der folgenden Tabelle finden Sie alle Befehle (nur Lesezugriff) mit den entsprechenden Parametern:

RS	D7	D6	D5	D4	D3	D2	D1	D0	Befehl
0	0	0	0	0	0	0	0	1	Display löschen
0	0	0	0	0	0	0	1	x	Cursor an den Anfang zurück
0	0	0	0	0	0	1	ID	S	Cursor Bewegungsrichtung
0	0	0	0	0	1	D	C	B	Cursor/Display aus/an
0	0	0	0	1	SC	RL	x	x	Cursor/Display bewegen
0	0	0	1	DL	N	F	x	x	Schnittstellengröße
0	0	1	A	A	A	A	A	A	Cursor im CGRAM platzieren
0	1	A	A	A	A	A	A	A	Cursor am Display platzieren
1	D	D	D	D	D	D	D	D	Zeichen am LCD ausgeben

Cursor Bewegungsrichtung:

ID – wenn gesetzt, wird der Cursor mit jedem Zeichen nach rechts bewegt
S – wenn gesetzt, bewegt sich das Display mit jedem Zeichen

Display/Cursor an oder aus und „blinken“:

D – Display An (1)/Aus (0)
C – Cursor An (1)/Aus (0)
B – Cursor Blinken An (1)/Aus (0)

Cursor/Display bewegen:

SC – Display wird bewegt An (1)/Aus (0)
RL – Richtung: Rechts (1)/Links (0)

Schnittstellengröße:

DL – Datenübertragung: 8 Bit (1)/4 Bit (0)
N – Anzahl der Zeilen am LCD: 1 Zeile (0)/2 Zeilen (1)
F – Zeichengröße: 5x10 (1)/5x7 (0)

Cursor im CGRAM platzieren:

A – Adresse

Zeichen am LCD ausgeben:

D – Daten

5.2.5 Funktionstest des Beispiels

Wichtig ist, dass Ihre Hardware einwandfrei funktioniert. Das können Sie am einfachsten testen indem Sie die oben angeführte Schaltung aufbauen und anschließend das mitgelieferte HEX-File in den Mikrocontroller flashen.

Wenn das Display nichts zeigt, gibt es noch Probleme mit der Hardware. Sobald das LCD wie gewünscht funktioniert, können Sie den Source-Code selbst erweitern und verändern. Sie finden diese Anwendung auf der CD-ROM im Verzeichnis \Beispiele\-HelloLCD. Das HEX-File finden Sie unter: \Beispiele\HelloLCD\default\HelloLCD.hex.

Beachten Sie: Das Programm wurde für den ATmega8 erzeugt. Um es in einem anderen Mikrocontroller laufen lassen zu können, müssen Sie es eventuell neu kompilieren.

Nachdem Sie das HEX-File erfolgreich in den Mikrocontroller geflasht haben, sollten Sie klar und deutlich einen wechselnden Text auf dem LCD sehen. Ist das nicht der Fall, überprüfen Sie folgende Punkte:

- Läuft der Mikrocontroller überhaupt? Sie können mit einem Voltmeter (umständlich) oder einem Oszilloskop die Änderungen an den Ports messen. Messen Sie den Zustand der *E*-Leitung – ändert sich dort etwas? Wenn nicht, gibt es unter Umständen Probleme mit dem Mikrocontroller.
- Stimmt die Spannungsversorgung Ihres LCD? Sehen Sie unbedingt ins Datenblatt (oft finden sich auch ausreichende Informationen über Google) und vergewissern Sie sich, dass alle Spannungen passen.
- Ist Ihr LCD überhaupt *HD44780*-kompatibel? Informationen dazu finden Sie im Datenblatt und via Google. Das ist vermutlich der häufigste Fehler. Manche Display-Controller sind zwar kompatibel, verlangen unter Umständen jedoch eine andere Initialisierung. Wenden Sie sich in diesem Fall bitte an das Forum unter www.avrbuch.de. Dort wird Ihnen in der Regel rasch geholfen.

5.2.6 Erklärungen

Die wichtigste „Eigenheit" dieses Beispiels ist die 4-Bit-Datenübertragung. Die Konfiguration des 4-Bit-Modus finden Sie in der Funktion *lcd_init()*. Dazu wird die Datenleitung 5 (am LCD) auf *high* gesetzt, die Datenleitung 4 muss den Zustand *low* haben. Diese Einstellung wird mit dem kurzen Toggeln der *E*-Leitung übernommen. Um nun einen vollen 8-Bit-Wert im 4-Bit-Übertragungsmodus zu übermitteln, geht man wie folgt vor:

- Zuerst das höherwertige Nibble auf die Datenleitung stellen
- Die *E*-Leitung kurz toggeln

- Dann das niederwertige Nibble übertragen
- Die *E*-Leitung wieder kurz toggeln

Das Beispiel stellt Ihnen vier praktische Funktionen zur Verfügung:

- void lcd_init()
- void lcd_send(unsigned char type, unsigned char c)
- void lcd_write(char *t)
- void sekunde (char i)

Die Funktion *sekunde* erfüllt einen einfachen Zweck: Sie wartet eine bestimmte Anzahl *i* an Sekunden. Wichtig dafür ist die korrekte Angabe der Taktfrequenz in einer der ersten Zeilen (*#define F_CPU*).

Die Funktion *lcd_send* schickt entweder Daten (type=DATEN) oder einen Befehl (type=BEFEHL). Wenn Sie also bestimmte Möglichkeiten des LCD-Controllers verwenden möchten, können Sie diese Funktion zur Übermittlung der Parameter verwenden. Ein Beispiel dazu finden Sie im Hauptprogramm:

```
lcd_send(BEFEHL, LCD_CLEAR);
```

Es wird damit der Befehl zum Löschen des Bildschirms geschickt.

Um überhaupt auf dem LCD Daten ausgeben zu können, müssen Sie zuerst die Funktion *lcd_init()* aufrufen. Hier könnten Anpassungen notwendig sein, wenn Ihr Controller nicht korrekt initialisiert wird. Viele „kompatible" Controller arbeiten in der Initialisierungsroutine etwas anders als in diesem Beispiel. Sehen Sie dazu bitte in das entsprechende Datenblatt.

Der Funktion *lcd_write* können Sie eine beliebige Zeichenkette übergeben, um diese auf dem LCD anzuzeigen. Achten Sie dabei jedoch auf die Zeichenlänge Ihres Displays. Es empfiehlt sich außerdem, vor jeder Ausgabe das Display zu löschen.

5.2.7 Erweiterungsmöglichkeiten

Dieses Beispiel bietet zahlreiche Möglichkeiten zur Erweiterung der Steuerfunktionen. Die meisten LCD-Controller erlauben das Anzeigen benutzerdefinierter Zeichen, womit sich z. B. eine Balkenanzeige (siehe dazu: Riedel, Huwaldt: Lehrheft LCD Programmierung, 5. Aufl. 2006), ähnlich einem Spektrumanalyser auf den meisten Stereoanlagendisplays, entwickeln lässt.

5.3 EEPROM

Immer wieder werden Sie im Rahmen Ihrer Projekte an die Grenzen des internen AVR-EEPROM stoßen. Abhilfe bietet ein extern zugeschaltetes EEPROM. Am häufigsten werden hier Varianten bzw. kompatible Versionen des AT24Cxx-EEPROM verwendet.

Die Ansteuerung ist im Prinzip sehr einfach und einmal funktionierende Routinen können später wieder verwendet werden.

> **!** Sie sollten einen Blick auf die Webseite zum Buch werfen unter: **http://www.avrbuch.de** - Dort finden Sie letzte Änderungen und aktuelle Updates zu den Beispielen in diesem Buch.

5.3.1 Benötigtes Material

- ATmega8, ATmega16, ATmega32, ... Je nach gewähltem Mikrocontroller müssen Sie eventuell die Pin-Zuweisungen ändern bzw. die Schaltung etwas abändern.
- AT24Cxx-kompatibles EEPROM

Hinweis: Wenn Sie das *myAVR*-Board besitzen, möchte ich Ihnen das *myAVR EEPROM Add-on* empfehlen. Das folgende Beispiel wurde mit dieser Kombination entwickelt und funktioniert direkt ohne Änderungen der Konfiguration am Board.

5.3.2 Instandsetzung der Hardware

Das EEPROM wird über zwei Leitungen mit dem AVR-Controller verbunden. Sie sehen anhand von Abb. 5.6, wie einfach sich eine solche Erweiterung gestaltet.

Haben Sie die Hardware erfolgreich aufgebaut, ist es Zeit für einen Funktionstest.

5.3.3 Funktionstest des Beispiels

- Sie verbinden den PC mit dem fertig geflashten Mikrocontroller über die serielle Schnittstelle.
- Mit jedem Reset erhöht der Mikrocontroller einen Wert, den er im EEPROM gespeichert hält.

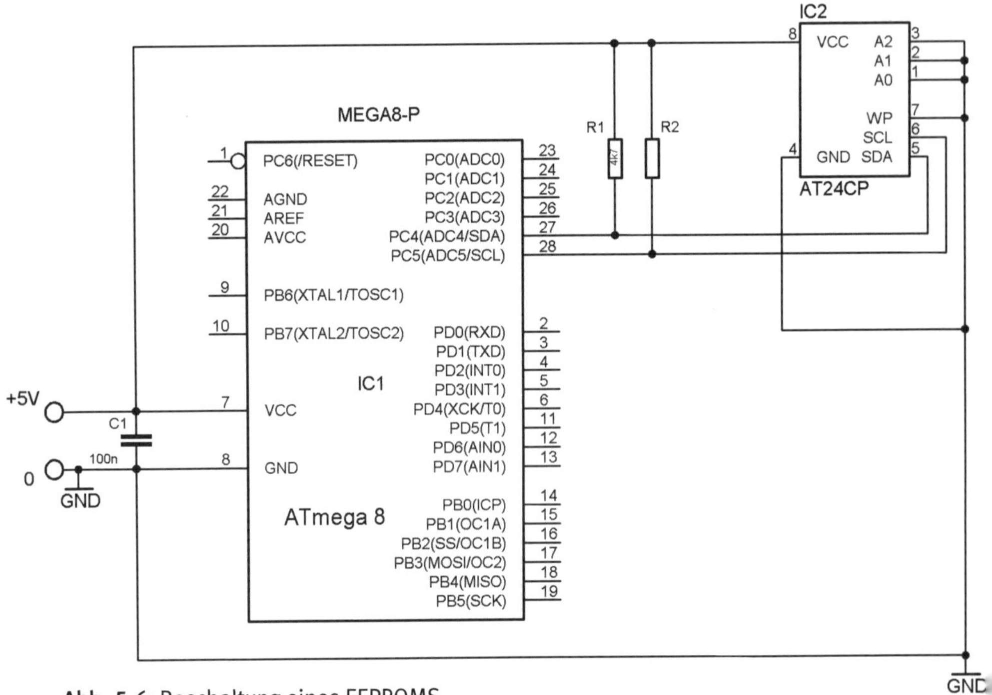

Abb. 5.6: Beschaltung eines EEPROMS

- Nachdem der Mikrocontroller das Programm gestartet hat, gibt er den aktuellen Inhalt des EEPROM-Werts auf die serielle Schnittstelle aus.
- Somit sehen Sie mit jedem Reset eine um eine Einheit erhöhte Zahl.

Laden Sie dazu die entsprechende HEX-Datei in den Mikrocontroller: \Beispiele\EEPROM\default\EEPROM.hex. Den Quellcode dazu finden Sie unter \Beispiele\EEPROM\.

Achtung: Sollten Sie keinen ATmega8 verwenden, denken Sie bitte daran, den Quellcode direkt im AVR-Studio zu öffnen, um ihn dort neu für Ihr Chipmodell zu kompilieren.

Nachdem Sie die HEX-Datei geflasht haben, sollte nach einem Reset bereits die erste Zahl am Mikrocontroller erscheinen. Das ist oft ein zufälliger Wert, je nachdem, was vorher in Ihrem EEPROM gespeichert war. Ansonsten sehen Sie die Zahl *1*. Wenn Sie nun einen Reset am Mikrocontroller durchführen, sollte direkt darauf die Zahl *2* folgen. War vorher schon ein anderer Wert im EEPROM gespeichert, hat sich diese Zahl nun um eine Einheit erhöht.

Trifft das beschriebene Verhalten nicht auf Ihr System zu? Dann hat sich vermutlich ein Fehler eingeschlichen. Überprüfen Sie folgende Punkte:

- Haben Sie das HEX-File in einen *ATmega8* geflasht? Wenn Sie einen anderen Mikrocontroller verwendet haben, müssen Sie den Quellcode für dieses Beispiel im AVR-Studio öffnen und für Ihr Chipmodell neu kompilieren. Erst dann können Sie das neue (!) HEX-File in den Controller flashen. Achten Sie darauf, dass Sie auch wirklich dieses neue File programmieren und nicht die Einstellung von einem früheren Projekt übernommen haben.
- Haben Sie das EEPROM mit allen nötigen Leitungen versorgt? Überprüfen Sie die Schaltung noch einmal mit Ihrem Aufbau.
- Läuft Ihr Mikrocontroller überhaupt? Wenn Sie ein Oszilloskop haben, versuchen Sie den Takt zu messen. Schwingt der Controller? Wenn Sie einen *ATmega8* verwenden, könnte es hier auch Probleme mit dem Auslieferungszustand der Fuse-Bits geben. Beachten Sie dazu das entsprechende Kapitel!
- Keine Lösung in Sicht? Versuchen Sie es auf www.avrbuch.de.

5.3.4 Erklärungen

Der wesentliche Teil dieses Beispiels findet sich in der Include-Datei *AT24C.h*. Sie können diese Datei in all Ihren Projekten verwenden und haben damit automatisch vollen Support für *AT24Cxx*-kompatible EEPROM-Bausteine.

Achtung: Diese Routinen wurden so programmiert, dass vorerst nur ein einziges EEPROM im System unterstützt wird. Sie finden dazu in den ersten Zeilen der Datei *AT24C.h* ein *#define* mit dem Namen *AT24Addr*. Es sollte für den fortgeschrittenen Programmierer kein Problem sein, diese Datei für die Anbindung mehrerer, gleichzeitig angeschlossener EEPROM-Chips anzupassen.

Diese Include-Datei stellt Ihnen im Wesentlichen drei Funktionen zur Verfügung:

- void initAT24()
- char AT24WriteByte(unsigned int dataaddress, char data);
- char AT24ReadByte(unsigned int dataaddress);

Die Anwendung dieser Funktionen sollte klar sein. Wichtig ist, dass Sie zu Beginn unbedingt einmal die Funktion *initAT24()* aufrufen. Anschließend können Sie mit *AT24WriteByte* ein beliebiges Byte an eine bestimmte Speicheradresse in das EEPROM schreiben.

Diese Speicheradresse ist in den meisten Fällen ein 16-Bit-Wert, also ein *Integer*. Ähnlich verhält sich *AT24ReadByte*. Hier übergeben Sie jedoch nur die gewünschte Leseadresse und die Funktion gibt Ihnen das dort gespeicherte Byte wieder zurück.

Das Beispiel selbst enthält außerdem noch einige Routinen zur Kommunikation über die serielle Schnittstelle. Entsprechende Erläuterungen dazu finden Sie einige Seiten vorher anhand der Erklärung des RS232-Beispiels.

5.4 A/D-Wandler

Dieses Beispiel wurde bewusst sehr einfach gehalten, um Ihnen eine brauchbare Grundlage für spätere Projekte zur Verfügung zu stellen. Für den Aufbau benötigen Sie eigentlich nur Ihr Entwicklungsboard und ein Potenziometer.

> Sie sollten einen Blick auf die Webseite zum Buch werfen unter: **http://www.avrbuch.de** - Dort finden Sie letzte Änderungen und aktuelle Updates zu den Beispielen in diesem Buch.

5.4.1 Benötigtes Material

- ATmega8, ATmega16, ATmega32, ... Je nach gewähltem Mikrocontroller müssen Sie eventuell die Pinbelegung bzw. die Schaltung etwas abändern.
- MAX232 (wenn Sie kein Entwicklungsboard verwenden)
- Serielles Kabel
- PC mit zwei seriellen Schnittstellen (bei Verwendung von STK500)
- Terminalprogramm *AVR-Terminal* (auf beigelegter CD)
- Potenziometer (ca. 47 k)

5.4.2 Instandsetzung der Hardware

Sollten Sie ein Entwicklungsboard verwenden, brauchen Sie nur die serielle Schnittstelle mit dem PC zu verbinden und an PORTC.0 (beim ATmega8) den Schleifer des Potenziometers anzuschließen. Das Potenziometer versorgen Sie mit +5 V.

Sollten Sie einen fliegenden Aufbau (ohne Entwicklungsboard) verwenden, benötigen Sie außer dem Potenziometer noch einen MAX232 mit einer RS232-Buchse. Dies ermöglicht die Kommunikation mit dem PC.

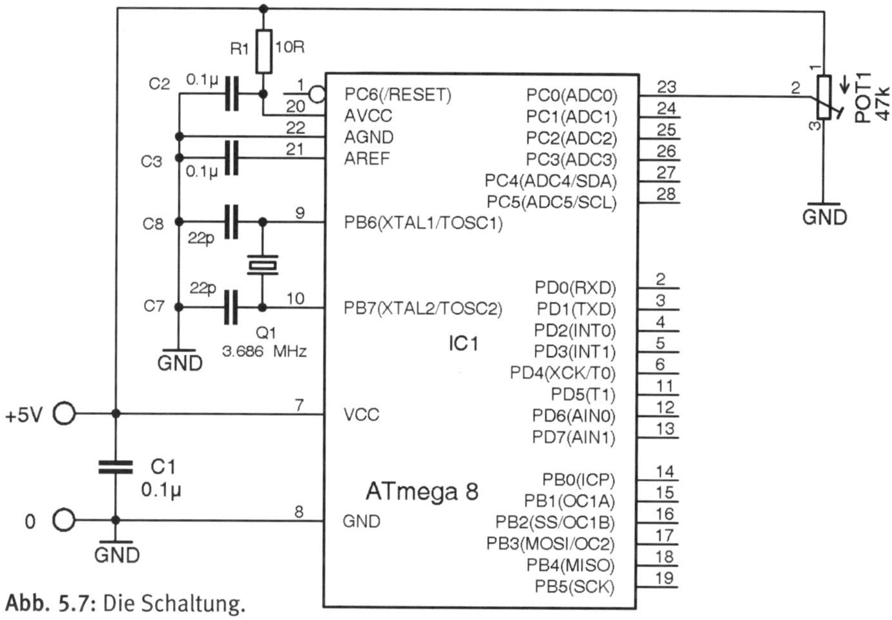

Abb. 5.7: Die Schaltung.

5.4.3 Funktionstest des Beispiels

- Sie verbinden den PC mit dem fertig geflashten Mikrocontroller über die serielle Schnittstelle.
- Starten Sie das Terminal Programm (AVR-Terminal).
- Die Baudrate beträgt 9.600 Baud, 8N1 (Standardeinstellung).
- Nach dem Reset sollte sich der Mikrocontroller bereits im Terminalfenster melden.
- Sie werden vermutlich einen flackernden Cursor bemerken. Dieser kümmert sich darum, dass immer die aktuell am analogen Eingang gemessene Spannung (PORTC.0 beim ATmega8, bzw. ADC0) im Wertebereich von 0 bis 255 angezeigt wird.
- +5 V entsprechen dabei dem Wert 255.
- 0 V werden mit der Zahl 0 dargestellt. Die ganze Spannung fällt dabei am Potenziometer ab.

Laden Sie dazu die entsprechende HEX-Datei in den Mikrocontroller: \Beispiele\EasyADC\default\EasyADC.hex. Den Quellcode dazu finden Sie unter \Beispiele\EasyADC\.

Achtung: Sollten Sie keinen *ATmega8* verwenden, denken Sie bitte daran, den Quellcode direkt im AVR-Studio zu öffnen, um ihn dort für Ihr Chipmodell neu zu kompilieren.

5.4.4 Erklärungen

Bei der Verwendung des A/D-Wandlers kann man aus einer Vielzahl verschiedener Umsetzungsmöglichkeiten wählen. Dieses Beispiel basiert auf einer Benachrichtigung über eine abgeschlossene A/D-Wandlung mittels Interrupt.

Außerdem wird der Free-Running-Mode verwendet, der laufend neue Werte vom Analogeingang liefert. Die Konvertierung findet mit einer Frequenz von CLK/2 statt, also dem halben Systemtakt.

Obwohl der ADC einen 10-Bit-Wert liefern kann, schränken wir uns in diesem Beispiel auf 8 Bit ein. Die Ergebnisse sind trotzdem noch hinreichend genau.

Wichtig für dieses Beispiel ist der Befehl *sei()*. Er erlaubt dem Mikrocontroller, alle Interrupts „durchzulassen". Diese Einstellung ist hier notwendig, da wir im Beispiel einen Interrupt verwenden und im Normalzustand die Benachrichtigungen ausgeschaltet sind.

Sollte das Beispiel nicht wie erwartet funktionieren, haben Sie unter Umständen das Potenziometer falsch angeschlossen. Wenn Sie aber im Terminal auch keine Willkommensnachricht empfangen, liegt das Problem an der seriellen Verbindung. Achten Sie darauf, dass Ihr Entwicklungsboard funktioniert (beim myAVR-LPT-Board sollte hier die 9-V-Batterie an VCC angeschlossen werden) und versuchen Sie unter Umständen erst, die serielle Schnittstelle mit einem einfachen Beispiel zu testen.

5.5 GPS Way-Tracker

Dieses Projekt ist das umfangreichste der in diesem Buch vorgestellten Beispiele. Es handelt sich um die Ansteuerung eines GPS-Empfängers (oft auch: „GPS-Maus" genannt), die Verarbeitung der GPS-Daten und der Speicherung dieser Daten in einem EEPROM.

Außerdem finden Sie auf der beigelegten CD eine Windows-Applikation (mit Source-Code) zur Kommunikation mit dem Mikrocontroller. Damit können Sie die gespeicherten GPS-Daten vom Gerät auf den PC übertragen, am Gerät löschen und Ihren GPS-Pfad mithilfe von Google Earth (kostenloser Download der aktuellen Version unter: http://earth.google.com/) anzeigen lassen.

> **!** Sie sollten einen Blick auf die Webseite zum Buch werfen unter: **http://www.avrbuch.de** - Dort finden Sie letzte Änderungen und aktuelle Updates zu den Beispielen in diesem Buch.

5.5.1 Benötigtes Material

- ATmega8, ATmega16, ATmega32, ... Je nach Mikrocontroller müssen Sie eventuell die Pinbelegung ändern bzw. die Schaltung etwas abändern.
- AT24Cxx-kompatibles EEPROM
- Einen Schalter, einen Taster und eine LED
- GPS-Maus mit einer RS232-Schnittstelle (NMEA-kompatibel – die meisten GPS Geräte unterstützen dieses Datenformat)
- Eventuell eine transportfähige Stromversorgung (Akku, Batterien, etc.)

5.5.2 Instandsetzung der Hardware

Der Entwicklungsaufwand in Bezug auf die Schaltung ist für dieses Projekt relativ gering. Sie müssen lediglich das EEPROM mit dem Mikrocontroller verbinden (wie es in einem früheren Beispiel bereits erklärt wurde) und die RS232-Schnittstelle in die Schaltung aufnehmen. Das GPS-Gerät können Sie dann direkt an dieser Schnittstelle anstecken.

Verfügt die GPS-Maus über keine eigene Stromversorgung, müssen Sie hier unter Umständen ein wenig improvisieren und die nötige Spannung über eine Batterie zuführen.

Sie benötigen für den Aufbau folgende Komponenten:

- C1 100 n
- C2 10 µ
- C3 10 µ
- C4 10 µ
- C5 10 µ
- C6 100 n
- IC1 MEGA8-P
- IC2 AT24CP
- IC3 MAX232
- R1 4k7
- R2 4k7
- R3 330R

Haben Sie die Hardware erfolgreich aufgebaut, ist es Zeit für einen Funktionstest.

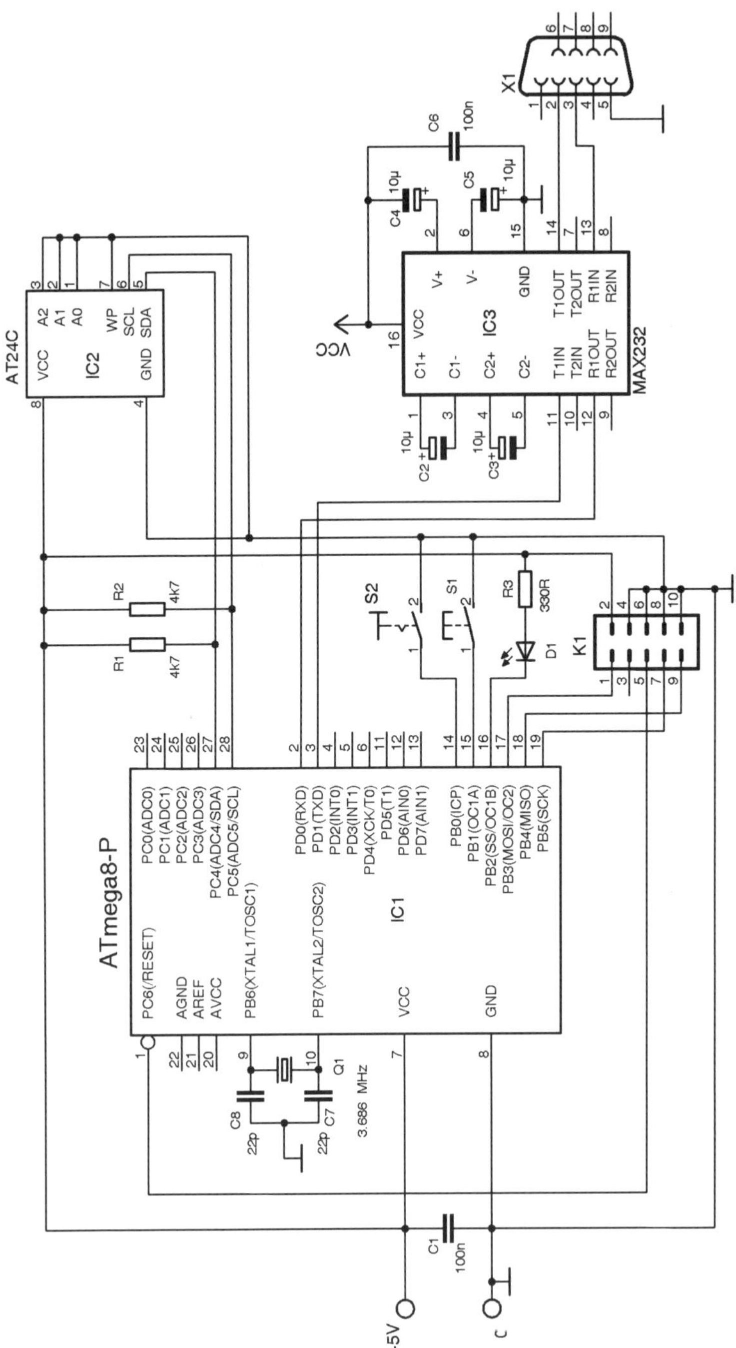

Abb. 5.8: Die Schaltung des GPS Way-Trackers.

5.5.3 Funktionstest des Beispiels

Nachdem die Hardware fertig aufgebaut ist, flashen Sie bitte die folgende HEX-Datei in den Mikrocontroller: \Beispiele\GPSWayTracker\default\GPSWayTracker.hex.

Achtung: Sollten Sie keinen ATmega8 verwenden, müssen Sie das Beispiel für Ihr Modell neu kompilieren. Den Source Code finden Sie ebenfalls im oben genannten Verzeichnis.

Nun haben Sie alle Vorbereitungen für den Funktionstest abgeschlossen. Um die Funktionstüchtigkeit des Geräts zu testen, müssen Sie zwei Dinge überprüfen: erstens die Kommunikation mit dem PC:

- Verbinden Sie den PC mit dem fertig geflashten Mikrocontroller über die serielle Schnittstelle.
- Nachdem der Mikrocontroller das Programm gestartet hat, gibt er die kurze Statusmeldung *GPS Way-Tracker* auf die serielle Schnittstelle aus.
- Testen Sie dies mit einem Terminalprogramm. Sie finden auf der CD eine Software mit dem Namen *AVR Terminal*. Diese eignet sich sehr gut für den Test. Achten Sie hierbei unbedingt auf die Übertragungsparameter:
  - Baudrate: 4.800
  - No Parity
  - 1 Stopbit
  - 8 Datenbit

Wenn Sie die oben genannte Ausgabe sehen, funktionieren der Mikrocontroller und die serielle Kommunikation mit dem PC.

Als Zweites müssen Sie die Kommunikation mit dem GPS-Gerät testen:

- Verbinden Sie das GPS Gerät über die serielle Schnittstelle mit dem PC.
- Starten Sie ein Terminalprogramm und verwenden Sie die oben genannten Übertragungsparameter. Achten Sie dabei vor allem auf die Baudrate von 4.800.
- Sollte das GPS-Gerät eine Spannungsversorgung benötigen, schließen Sie diese bitte jetzt an, um das GPS-Gerät zu aktivieren.
- Nach einigen Sekunden sollten Sie laufend neue Daten vom GPS-Gerät empfangen und im Terminalfenster angezeigt bekommen.

Ist das nicht der Fall, überprüfen Sie bitte das Benutzerhandbuch des GPS-Geräts auf eine abweichende Baudrate. Die meisten Geräte verwenden jedoch die Baudrate 4.800 als Standardeinstellung.

Wenn Sie nun beide Tests erfolgreich abgeschlossen haben, ist das System bereit zur Anwendung.

5.5.4 Funktionsweise

Der GPS Way-Tracker speichert in bestimmten Abständen Ihre aktuellen Koordinaten in einem EEPROM. Sie können dabei zwischen einem automatischen und einem manuellen Modus wählen. Der automatische Modus speichert die aktuellen Koordinaten etwa alle 30 Sekunden. Der manuelle Modus speichert diese nur dann, wenn Sie eine bestimmte Taste betätigen. Je nach verwendetem EEPROM können Sie mehr oder weniger Wegpunkte hintereinander speichern. Diese Wegpunkte können Sie anschließend auf den PC übertragen und mithilfe der beeindruckenden Software *Google Earth* darstellen lassen.

Dieses Gerät eignet sich dadurch für eine Reihe von Anwendungen. Beispiele dafür wären: Wanderausflüge, Radtouren, Zustelldienste usw. Durch Anbindung eines GSM-Modems könnten Sie diese Daten auch noch über eine Mobilfunkverbindung übertragen und somit Ihr Auto vor Diebstahl bzw. vor dem „Verschwinden“ schützen.

5.5.5 Bedienung

An Port B, Pin 0 befindet sich ein Schalter. Mit diesem können Sie zwischen dem automatischen und dem manuellen Modus wählen. **Achtung:** Sollten Sie den Modus ändern, müssen Sie, um die Änderung zu übernehmen, das Gerät neu starten.

Haben Sie sich für den manuellen Modus entschieden, können Sie mit der Taste an Port B, Pin 1 die Speicherung des aktuellen Ortes durchführen.

An Port B, Pin 2 finden Sie eine Status-LED, die beim Einschalten kurz blinkt um die Funktionsbereitschaft zu signalisieren. Nach einigen Sekunden (mit einem angeschlossenen und aktivierten GPS-Gerät) beginnt die LED im automatischen Modus in gewissen Abständen kurz zu blinken. Dies signalisiert die erfolgreiche Speicherung der aktuellen Koordinaten.

Um die gespeicherten Daten nun auf den PC zu übertragen, müssen Sie das GPS-Gerät von der seriellen Schnittstelle des Mikrocontrollers trennen und diese mit dem PC verbinden. Verwenden Sie zur Übertragung der GPS-Daten die entsprechende Kontrollsoftware, die in dem Verzeichnis \Software\GPSWayTracker_Kontrollzentrale zu finden ist.

Wichtig: Schalten Sie vor dem Start der Software den GPS Way-Tracker aus. Nachdem Sie die Kontrollzentrale gestartet haben, müssen Sie noch den jeweiligen Kommunikationsport (COM1, COM2, COM3, ...) festlegen und anschließen die Taste „Verbinden ...“ betätigen. Jetzt wartet die Software auf den Mikrocontroller.

Zu diesem Zeitpunkt können Sie den GPS Way-Tracker einschalten. Er wird sich mit einer kurzen Statusnachricht bei der Kontrollzentrale melden. Sie sollten die Kommunikation in der Windows-Software verfolgen können.

Anschließend stehen Ihnen drei Möglichkeiten zur Verfügung:

- Daten vom GPS Way-Tracker übertragen
- Daten am GPS Way-Tracker löschen
- GPS Way-Tracker neu starten

Wenn Sie die Daten vom Gerät auf den PC übertragen, werden diese im *KML-Format* gespeichert. Dieses Format wird von Google Earth unterstützt und erlaubt die Speicherung und Anzeige eines geografischen Koordinatenpfads. Sie sollten zu diesem Zeitpunkt die Software Google Earth bereits installiert haben, denn die Kontrollzentrale bietet Ihnen nun den automatischen Start von Google Earth an. Wenn Sie dies bestätigen, werden Ihre Wegkoordinaten in Google Earth geöffnet und dargestellt.

Wichtig: Da der GPS Way-Tracker nicht über eine Speicherkarte, sondern lediglich über ein EEPROM verfügt, können Sie nur eine begrenzte Menge an Wegpunkten speichern. Sie sollten also nach jeder Übertragung auf den PC die Daten am GPS Way-Tracker wieder löschen, um dort Platz für neue Daten zu schaffen.

5.6 Klingelton

Diese Anwendung scheint auf den ersten Blick wenig relevant für „professionelle Projekte", spielt sie doch lediglich ein paar Töne ab. In Wirklichkeit verstecken sich hinter diesem scheinbar lustigen Projekt einige sehr interessante Routinen:

- Lesen von RTTTL-kompatiblen Ringtones bzw. Melodien. Dieses Format ist bzw. war einmal in den meisten Mobiltelefonen der Standard für die Speicherung von Klingeltönen.
- Erzeugung exakter Rechtecksignale mit Frequenzen im Bereich von etwa 100 bis 5.000 Hz.
- Anschauliches Beispiel für die Verwendung des Waveform-Generation-Modes am 16-Bit-Timer.
- Ein paar nette Denkaufgaben (Notenlängenberechnung, BPM, Takt, Oktaven und Tonleiter, ...) für den Musikliebhaber.

> Sie sollten einen Blick auf die Webseite zum Buch werfen unter: **http://www.avrbuch.de** - Dort finden Sie letzte Änderungen und aktuelle Updates zu den Beispielen in diesem Buch.

5.6.1 Benötigtes Material

- ATmega8, ATmega16, ATmega32, ... Je nach Mikrocontroller müssen Sie eventuell die Pinbelegung ändern bzw. die Schaltung etwas abändern.
- Ein Kopfhörer oder Lautsprecher.
- Die aktuellste Version von WINAVR (bzw. AVRGCC, dem C-Compiler für das AVR-Studio).

Achten Sie bitte besonders für diese Anwendung darauf, wirklich die aktuellste Version von WINAVR zu installieren. Sie finden auf der beiliegenden CD eine ausreichend neue Version. Wird das Beispiel mit einer älteren WINAVR-Version kompiliert, liefert der Lautsprecher in manchen Fällen nur seltsame Geräusche bzw. stimmt die Dauer der *delay*-Funktionen plötzlich nicht mehr. Dieser Fehler tritt jedoch nur in manchen Systemen auf. Aus diesem Grund sollten Sie hier auf jeden Fall die aktuellste Version installieren.

5.6.2 Instandsetzung der Hardware

Haben Sie die Hardware erfolgreich aufgebaut, ist es Zeit für einen Funktionstest.

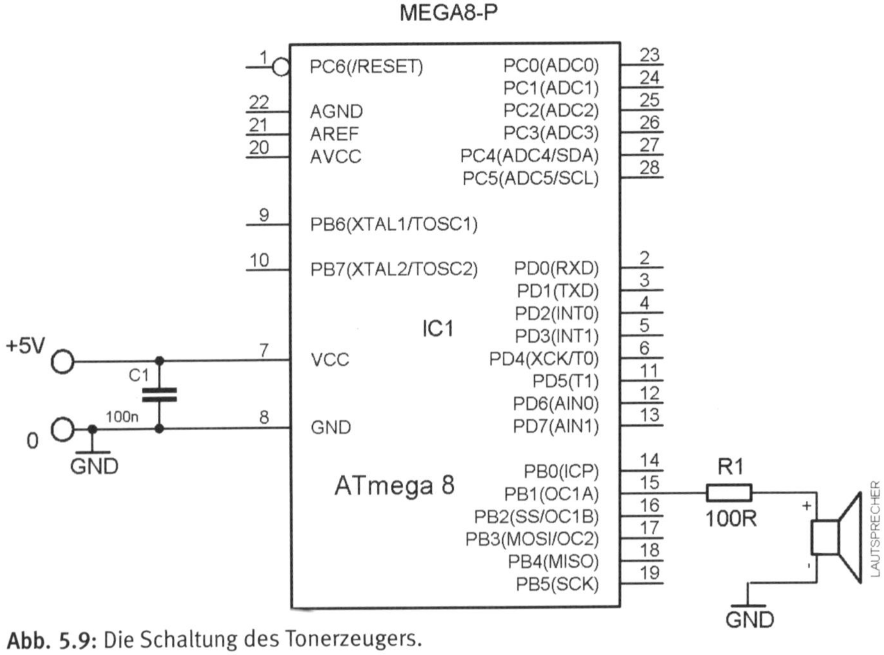

Abb. 5.9: Die Schaltung des Tonerzeugers.

5.6.3 Funktionstest des Beispiels

Nachdem die Hardware fertig aufgebaut ist, flashen Sie bitte die folgende HEX-Datei in den Mikrocontroller: \Beispiele\Klingelton\default\Klingelton.hex.

Achtung: Sollten Sie keinen ATmega8 verwenden, müssen Sie das Beispiel für Ihr Modell neu kompilieren. Den Source Code finden Sie ebenfalls im oben genannten Verzeichnis.

Nach dem Flashen sollten Sie (wenn der Lautsprecher korrekt angeschlossen wurde) bereits eine Melodie hören. Ist das nicht der Fall, können Sie folgende Liste abarbeiten:

- Sie benötigen für dieses Beispiel einen externen Quarz mit 3.686 MHz (ist mit diesem Wert auf dem myAVR-Board und dem STK500 zu finden). Haben Sie den Mikrocontroller vielleicht noch nicht für die Verwendung eines externen Quarzes als Taktgeber konfiguriert? Siehe dazu das Kapitel zu den AVR-Fuse-Bits. Sollten Sie einen anderen Quarz verwenden wollen, müssen Sie die entsprechende Frequenz im Quellcode dieser Anwendung anpassen.
- Haben Sie vielleicht einen zu großen Lautsprecher verwendet? Der AVR liefert in diesem Fall die nötige Spannung und kann unter Umständen bei zu großem Leistungsbedarf nicht mithalten. Versuchen Sie es mal mit einem einfachen, kleinen Kopfhörer.

5.6.4 „Abgespeckte“ Version

- Die hier vorgestellte Version des Klingeltonspielers ist sehr umfangreich programmiert. Dies deshalb, weil das Parsen, also das stückweise Verarbeiten des Klingeltonformats einiges an Programmierarbeit beansprucht. Unter Umständen interessiert Sie dieses RTTTL-Format gar nicht, dann können Sie gerne auch folgende Applikation testen: \Beispiele\Sound\default\Sound.hex

Es handelt sich hierbei um eine einfachere Version. In dieser wurde auf das Abspielen des RTTTL-Formats verzichtet. Hier finden Sie hauptsächlich die Routinen zum Erzeugen und Ausgeben einer beliebigen Frequenz (über die Verwendung des 16-Bit-Timers).

5.6.5 Erklärungen

Wir widmen uns hier weniger dem Aufbau des RTTTL-Formats, sondern mehr der eigentlichen Klangerzeugung. Sollten Sie jedoch speziell am RTTTL-Format interessiert sein, finden Sie auf jeden Fall einiges im Internet unter http:// de.wikipedia.org/wiki/RTTTL dazu.

Zu Beginn des Quelltextes finden Sie ein paar Beispielmelodien. Eine typische Melodie kann etwa so aussehen: TheSimpsons:d=4,o=5,b=160:c.6,e6,f#6,8a6,g.6, e6,c6,8a,8f#,8f#,8f#,2g,8p,8p,8f#,8f#,8f#,8g,a#.,8c6,8c6,8c6,c6

Zum Glück müssen Sie diese kryptischen Zeichenketten nicht selbst schreiben, sondern können dazu aus den zahlreichen Angeboten verschiedenster Internetseiten wählen. Solche Melodien finden Sie z. B. unter http://nokiatone.ifrance.com/nokiatone/rtttf.htm oder auch http://www.2thumbswap.com/members/tones/nokia/tones_nokia_main.html. Um einen Song in das Beispiel zu übernehmen, kommentieren Sie am besten die aktuell verwendete *char song[]*-Variable aus und erzeugen selbst eine neue Kopie davon.

Wichtig: Es kann dabei natürlich immer nur eine *song*-Variable aktiv sein, die anderen müssen Sie auskommentieren.

Die eigentliche Magie dieses Beispiels passiert in der Funktion *ton()*. Dieser übergeben Sie eine gewünschte Frequenz und die Spieldauer dieser Frequenz (in ms). Der Ton selbst wird über den 16-Bit-Timer erzeugt. Dieser arbeitet mit folgenden Einstellungen:

- CTC-Mode (Clear Timer on Compare Match)
- Compare-Mode: Zählen bis zu einem bestimmten Wert
- Zählfrequenz: F_CPU, also der Timer zählt im Systemtakt
- Toggle on Compare Match/Waveform Generation Mode: Der 16-Bit-Timer ändert bei einem Compare Match den Zustand an Port OC1 A (beim ATmega8: Port B, Pin 1). Somit wird automatisch ein sehr schönes Rechtecksignal erzeugt.

Die Funktion *playNote()* übernimmt die musikalischen Berechnungen. Darunter ist die Berechnung der Notenlängen (Viertelnote, Halbnoten, ...) relativ zu einem vorgegebenen Takt (BPM) enthalten. Darüber hinaus wird hier auch die gewünschte Oktave aus den Grundnoten (Oktave 5) berechnet. Sind die gewünschte Frequenz und Dauer bestimmt, wird die Funktion *ton()* zur Erzeugung dieses Tons aufgerufen.

Die Funktion *playSong()* kümmert sich um das Interpretieren eines Songs im RTTTL-Format. Die berechneten Noten werden dann an die Funktion *playNote()* übergeben.

5.7 Frequenzzähler

Wenn Sie kein Oszilloskop besitzen, bzw. auch keinen Frequenzzähler im Repertoire haben, dann können Sie mit diesem Projekt Ihre Werkstatt um ein einfaches, aber wichtiges Werkzeug bereichern. Diese Variante kommt mit sehr wenig Hardware aus und ist daher schnell aufgebaut. Es bieten sich zahlreiche Erweiterungsmöglichkeiten, dieses Beispiel soll nur eine einfache Grundversion darstellen.

Dieser Frequenzzähler arbeitet mit TTL-Pegeln, im Idealfall messen Sie daher etwa 5V/0V-Zustände. Achten Sie auf die Vermeidung von Überspannungen an den Messleitungen, da in dieser einfachen Schaltung kein Schutz dagegen eingebaut wurde.

Der messbare Frequenzbereich ist hier zum Großteil direkt vom Betriebstakt abhängig. Mit einem höher getakteten Quarz können Sie diesen Bereich erweitern. Mit dem STK500 (bzw. dem myAVR Board) können Sie in der Ausgangskonfiguration (3,686 MHz Quarz) etwa in einem Frequenzbereich von 1 Hz bis 1 MHz messen. Mit einem 16 MHz- Quarz erweitern Sie den Bereich nach oben hin bis etwa 4 MHz.

> ! Sie sollten einen Blick auf die Webseite zum Buch werfen unter: **http://www.avrbuch.de** - Dort finden Sie letzte Änderungen und aktuelle Updates zu den Beispielen in diesem Buch.

5.7.1 Benötigtes Material

Wie eingangs bereits erwähnt, bietet dieses Beispiel einige Möglichkeiten zur einfachen Erweiterung des Funktionsumfangs. Auf der CD finden Sie daher zwei verschiedene Versionen dieses Beispiels:

1. Version: LCD-Anzeige
2. Version: Ausgabe am seriellen Port

Sie benötigen je nach Version:

- Die Grundbeschaltung eines ATmega8
- Optional: HD44780 kompatibles LCD, 1 oder 2 Zeilen, 16 Zeichen.
- Optional: RS232 Grundschaltung (mit MAX232)

5.7.2 Überblick der Varianten

Unabhängig davon, ob Sie die serielle Schnittstelle oder die LCD-Anzeige als Ausgabe verwenden, sollten Sie nach dem Einschalten des Projekts auf jeden Fall einen Text am Ausgabegerät sehen. Direkt nach dem Einschalten beginnt der Frequenzzähler mit der Messung und zeigt fortlaufend die aktuell gemessene Frequenz an.

Hier sehen Sie die Schaltung mit der LCD-Anzeige:

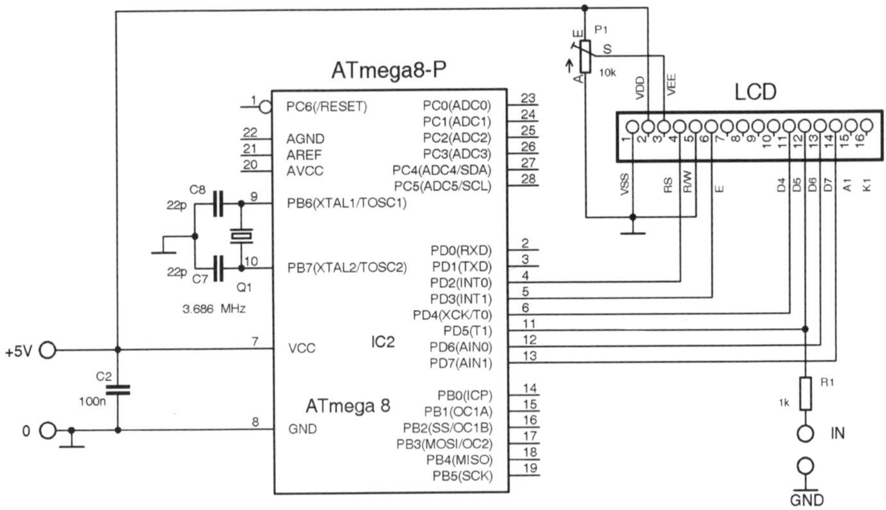

Abb. 5.10: Frequenzzähler mit LCD

Bei dieser Schaltung ergibt sich ein Problem mit der doppelten Belegung von Pin 5 / Port D. Dieser Pin wird einerseits auch „T1" genannt, dient damit also dem Messen der Eingangsfrequenz. Andererseits sind die vier Datenleitungen des LCDs mit Port D, Pin 4 bis Pin 7 verbunden. Daher muss bei der Programmierung zu jedem Zeitpunkt auf die richtige Datenrichtung geachtet werden. Wird das LCD angesprochen, dann muss Pin 5 auf Ausgang geschalten werden. Vor jedem Messvorgang wird dieser Pin dann wieder auf Eingang umgeschaltet. So kann der Pin hier doppelt verwendet werden. Beachten Sie jedoch: Diese Anwendung ist nicht unbedingt eine wirklich saubere Lösung. Wenn an den Messleitungen eine Überspannung anliegt, könnte diese auch das LCD zerstören. Hier würde sich daher auf jeden Fall noch eine entsprechende Vorschaltung zur Absicherung gegen eine Überspannung anbieten.

Sollten Sie kein LCD zur Hand haben, oder würden Sie gerne die mitgelieferte PC-Software zur Auswertung der gemessenen Werte verwenden, dann empfiehlt es sich, das Beispiel mit der seriellen Schnittstelle aufzubauen. Die entsprechende Schaltung dazu sehen Sie hier:

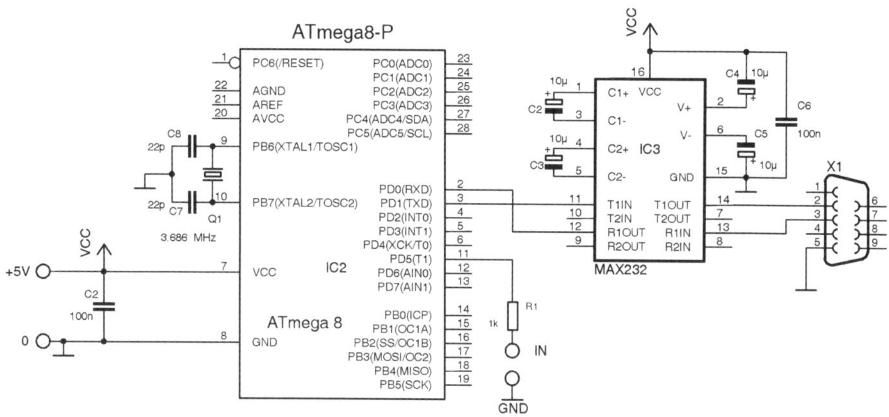

Abb. 5.11: Frequenzzähler mit Ausgabe auf RS232

5.7.3 PC Software: AVR-Frequenzzähler

Für das Beispiel mit der Ausgabe auf den RS232-Port gibt es eine einfache, aber sehr praktische PC-Anwendung. Sie wurde in Borland Delphi 2005 entwickelt und ist im Wesentlichen mit den meisten anderen Versionen von Delphi (inkl. der frei erhältlichen Personal- Edition) kompatibel. Der Quellcode ist ebenfalls auf der CD zu finden.

Nachdem Sie die Hardware aufgebaut und eine Frequenz zur Messung angelegt haben, können Sie die Messwerte entweder über ein Terminalprogramm (Baud: 9600) oder direkt über die mitgelieferte Anwendung empfangen. Die Software sieht so aus:

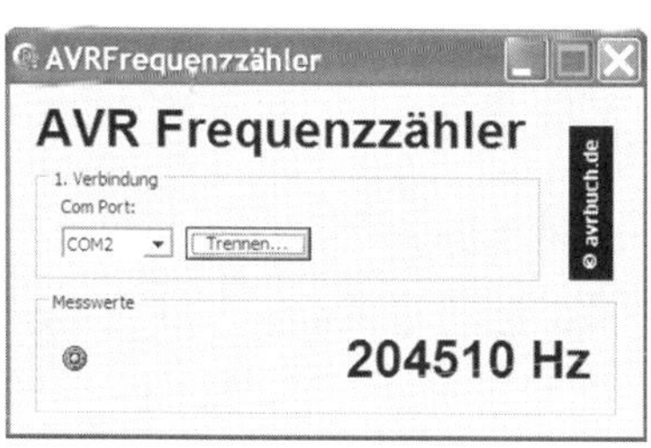

Abb. 5.12: AVR Frequenzzähler

5.7.4 Erklärungen

In diesem Projekt finden Sie eine sehr schöne Anwendung der Zählereinheit (Timer/Counter). Bei der Periodenmessung bedient man sich einer sogenannten *Torzeit*. Diese beschreibt die Länge des Zeitfensters der Messung. In diesem Zeitfenster wird die Anzahl der steigenden (oder fallenden) Flanken gezählt. Dieses Projekt verwendet hierfür vier verschiedene Torzeiten: 1ms, 10ms, 100ms und 1000ms. Will man eine Frequenz von etwa 1 Hz messen, dann würde in einem 10ms Zeitfenster keine einzige Flanke vorkommen. Das heißt, je langsamer die Frequenz ist, umso länger sollte auch das entsprechende Zeitfenster sein.

Dieses Beispiel bietet hier eine sehr praktische Routine an, die automatisch die richtige Torzeit bestimmt. Diese Routine geht dabei folgendermaßen vor:

1. Torzeit = 1000ms
2. Messung starten
3. Wurden mehr als 65535 (=16-Bit Bereich) Flanken gemessen?
   a. Ja: Torzeit = 100ms, zurück zu (2)
   b. Nein: Ideale Torzeit gefunden

Wenn also zu viele Flanken gemessen wurden, dann wird die Torzeit so lange verkürzt, bis eine „vernünftige“ Anzahl an Flanken in das Zeitfenster passt. Hier noch einmal der Messvorgang in einer Grafik:

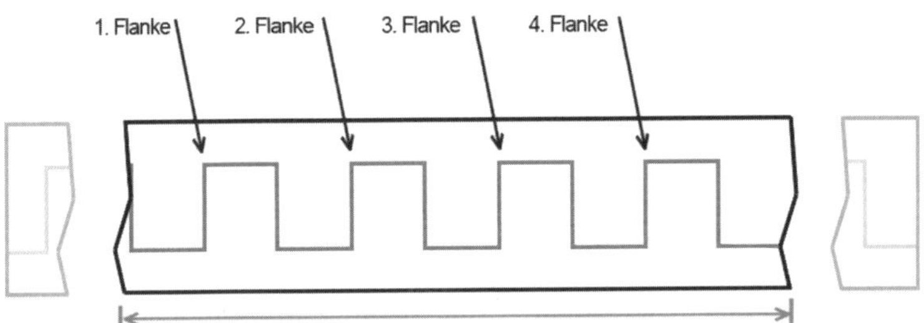

Abb. 5.13: Periodenmessung

Wie aus der Grafik deutlich hervorgeht, ergeben sich zwei Aufgaben: Die genaue Programmierung eines bestimmten Zeitfensters und die Messung der darin vorkommenden Flanken. Das Programm muss also mit einem Timer und einem Counter arbeiten. Die entscheidende Einstellung wird hier bei der Taktquelle des Counters getroffen. Der Takt wird nämlich *extern* zugeführt. Das heißt, dass Ihre zu messende Frequenz diesen Counter mit einem Zähltakt versorgt. Es gibt dafür einen reservierten Pin am Mikrocontroller mit der Bezeichnung *T1*. Das ist gleichzeitig auch das Problem bei der LCD-Version dieses Projekts. Eine der Datenleitungen des LCDs liegt nämlich ebenfalls auf diesem Pin. Durch geschickten Zugriff (siehe Quellcode) ist diese Doppelbelegung jedoch kein großes Problem mehr.

Nun, der Timer wird also vor jedem Messvorgang initialisiert, je nachdem welches Zeitfenster verlangt wird. Unmittelbar danach wird der Counter aktiviert. Sobald das Zeitfenster abgelaufen ist, wird auch der Counter wieder gestoppt. Folgende Formel liefert anschließend die gemessene Frequenz:

[Frequenz in Hz] = [Anzahl der Flanken] × (1000 / [Torzeit in ms])

Wenn Sie einen größeren Frequenzbereich messen möchten, dann müssen Sie einfach einen schnelleren Quarz (Beispiel: 16 MHz) verwenden – und diese neue Taktfrequenz ebenso in der Quelldatei (gleich zu Beginn) anpassen.

5.7.5 Erweiterungsmöglichkeiten

Durch die externe Vorschaltung eines Flip-Flops könnten Sie die messbare Frequenz relativ einfach verdoppeln. Das Flip-Flop verwirft (im Endeffekt) immer jeden zweiten Flankenwechsel. Das heißt, Sie müssen die gemessene Frequenz somit am Ende nur wieder verdoppeln um auf das richtige Ergebnis zu kommen.

Ein weiteres Flip-Flop würde die Frequenz natürlich wiederum „halbieren", also das Messen einer noch einmal doppelt so hohen Frequenz erlauben. Ihnen stehen hier also wirklich alle Möglichkeiten offen.

5.8 HD44780 LCD via I^2C

Es wird Ihnen vermutlich früher oder später passieren: Die meisten Pins Ihres Mikrocontrollers sind belegt, Sie möchten jedoch noch ein LC-Display anhängen. Was tun? Abhilfe schafft hier ein sehr nützliches Bauteil mit der Bezeichnung PCF8574. Dieser IC wird von der Firma Philips (bzw. jetzt NXP) hergestellt. Ein Datenblatt dazu finden Sie unter: http://www.nxp.com/acrobat_download/datasheets/PCF8574_4.pdf

Der wesentliche Vorteil bei diesem Bauteil liegt in der einfachen Handhabung. Sie benötigen lediglich vier Leitungen (Masse, Versorgung, SCL und SDA) zur Steuerung des ICs. Zwei davon müssen Sie mit dem Mikrocontroller verbinden. Der ATmega8 bietet für diese Verbindung zwei bestimmte Pins an (SCL = PORTC.5, SDA = PORTC.4). Durch die Verwendung dieses ICs steht Ihnen dann ein ganzer 8-Bit Port zur Verfügung – auf Kosten von lediglich zwei Pins. Sehr praktisch!

Sie sollten einen Blick auf die Webseite zum Buch werfen unter: **http://www.avrbuch.de** - Dort finden Sie letzte Änderungen und aktuelle Updates zu den Beispielen in diesem Buch.

5.8.1 Benötigtes Material

Achtung: Achten Sie bei der Bestellung des I²C-Bausteins auf die genaue Typenbezeichnung. Es gibt hier zwei leicht unterschiedliche Versionen:

1. PCF8574
2. PCF8574A (bzw.: PCF8574AT, PCF8574ATS, PCF8574AP)

In diesem Projekt wurde die zweite Version verwendet. Der wesentliche Unterschied liegt hierbei in der I²C-Hardware-Adresse des ICs. Sollten Sie den PCF8574 verwenden wollen, müssen Sie die entsprechende Zeile im Quelltext ändern. Die Geräteadresse wäre dann nicht „0x70" sondern „0x40". Das ist die einzige Änderung, die notwendig ist. Neben diesem Bauteil benötigen Sie noch:

- Die Grundbeschaltung eines ATmega8 (oder das STK500)
- Ein HD44780 kompatibles LCD (Im Projekt: 2-zeilig)
- Pull-Up Widerstände für die I²C-Verbindung

Die Schaltung sieht so aus:

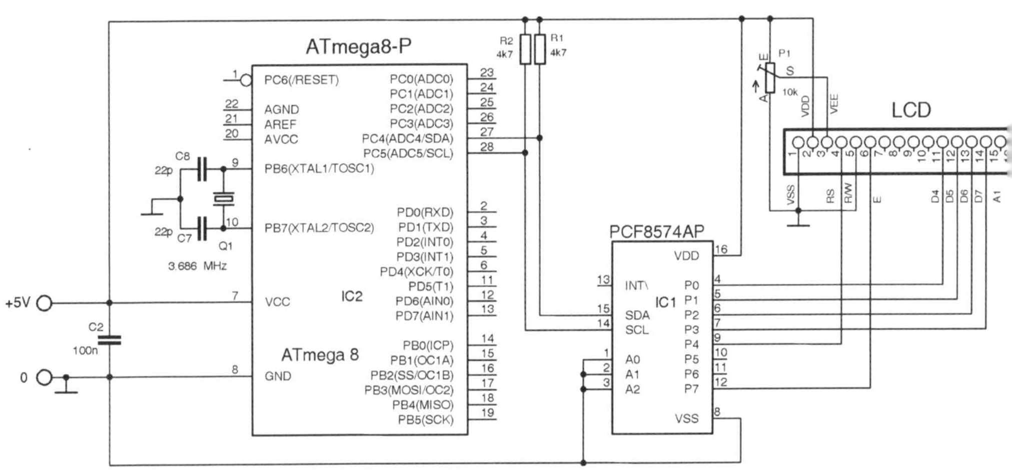

Abb. 5.14: Anbindung eines LC-Displays über I²C

5.8.2 Erklärungen

Das Projekt umschließt im Wesentlichen zwei Teilbereiche:

1. Die Kommunikation über I^2C
2. Die Konfiguration und Steuerung des LC-Displays

Auch wenn der I^2C-Standard relativ einfach ist, sollte man das Rad möglichst nicht ständig neu erfinden. Aus diesem Grund wurde für dieses Projekt die frei erhältliche I^2C-Bibliothek von Peter Fleury (mehr unter: http://jump.to/fleury) verwendet. Diese Bibliothek ist 100% kompatibel mit AVRGCC und läuft daher direkt in der Standardkonfiguration der Entwicklungsumgebung. Die Bibliothek wurde zwar in Assembler geschrieben, damit haben Sie hier aber eigentlich nichts zu tun. Sie müssen die entsprechenden Dateien lediglich in Ihr AVR-Studio-Projekt einbinden. Wie das genau funktioniert, sehen Sie im Quellcode des Beispiels.

Diese Bibliothek stellt (unter anderem) folgende Funktionen zur Verfügung:

- i2c_init();
- i2c_start_wait();
- i2c_write();
- i2c_stop();

Die genaue Anwendung der Bibliothek finden Sie im Quellcode. Sie werden sehen, die Kommunikation ist wirklich sehr einfach aufgebaut.

Wie oben schon beschrieben wurde, muss dieses Projekt auch mit dem LCD-Controller kommunizieren. In einem anderen Beispiel finden Sie eine kleine LCD-Bibliothek. Für dieses Projekt wurde die Bibliothek leicht angepasst und trägt nun den neuen Namen „i2c_lcd.h". Der große Vorteil: Sie können in Ihrer Applikation *ohne wesentliche Umstellungen* von der normalen LCD-Ansteuerung („lcd.h") auf die I^2C-Version („i2c_lcd.h") wechseln. Die Befehle sind hierfür gleich geblieben.

5.8.3 Erweiterungsmöglichkeiten

Der PCF8574-Baustein wird im Datenblatt als „8-Bit I/O Expander" bezeichnet. Das heißt, der IC bietet Ihnen einen komplett funktionstüchtigen Eingabe-/Ausgabeport an. Dazu müssen Sie lediglich zwei (bestimmte) Leitungen am Mikrocontroller „opfern". Der Vorteil des I^2C-Protokolls ist die Möglichkeit, mit einem Master mehrere Slaves ansprechen zu können. Jeder dieser Slaves hat eine eigene Adresse und kann daher vom Master individuell adressiert werden. Die logische Schlussfolgerung daraus ist eine beachtliche Erweiterungsmöglichkeit der Eingabe-/Ausgabe-Leitungen durch mehrere dieser Bausteine. So könnten Sie Ihren ATmega8 zum Beispiel um etwa acht volle 8-Bit Ports erweitern.

5.9 LED-Matrix Segment

In diesem Beispiel benötigen Sie zur Abwechslung einmal einen anderen Mikrocontroller, nämlich den ATtiny2313. Sie können das Beispiel natürlich genauso für einen ATmega8 anpassen. Die Wahl fällt hier auf den ATtiny2313, weil der Controller relativ günstig ist und sich für dieses kleine Projekt ideal eignet.

> **!** Sie sollten einen Blick auf die Webseite zum Buch werfen unter: **http://www.avrbuch.de** - Dort finden Sie letzte Änderungen und aktuelle Updates zu den Beispielen in diesem Buch.

5.9.1 Benötigtes Material

Der wesentliche Aufwand besteht hier in der Verdrahtung der einzelnen LED-Verbindungen. Sie benötigen dazu:

- Die Grundbeschaltung eines ATtiny2313 (oder das STK500)
- Ein 5x7 LED-Matrix Segment
- Eine Reihe von Widerständen

Die Schaltung sieht folgendermaßen aus:

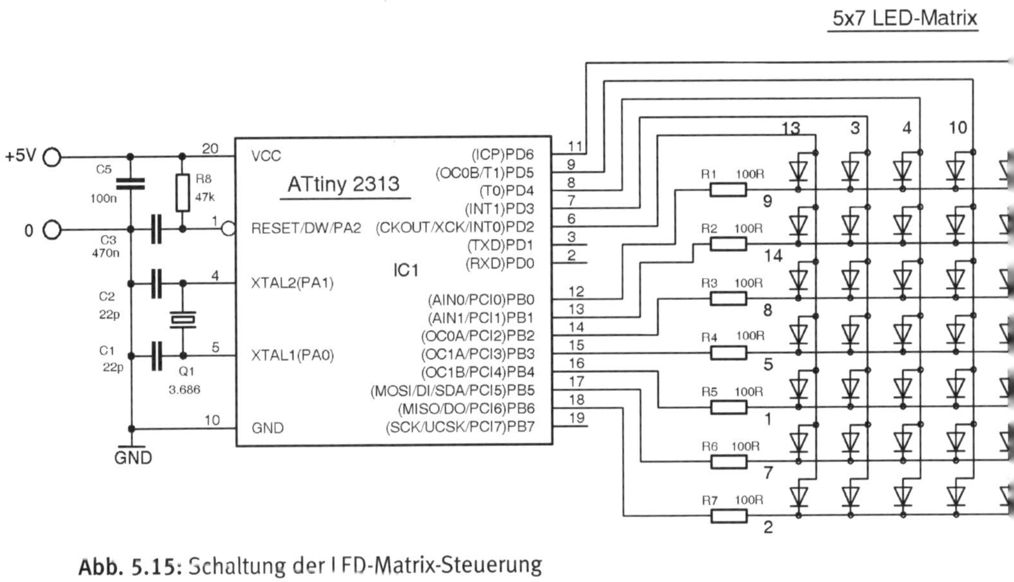

Abb. 5.15: Schaltung der LED-Matrix-Steuerung

5.9.2 Erklärungen

Eine LED-Matrix besteht aus einer Vielzahl von einzelnen LEDs, die in einer sogenannten Matrix miteinander verbunden sind. Dies lässt sich am besten anhand einer Grafik veranschaulichen:

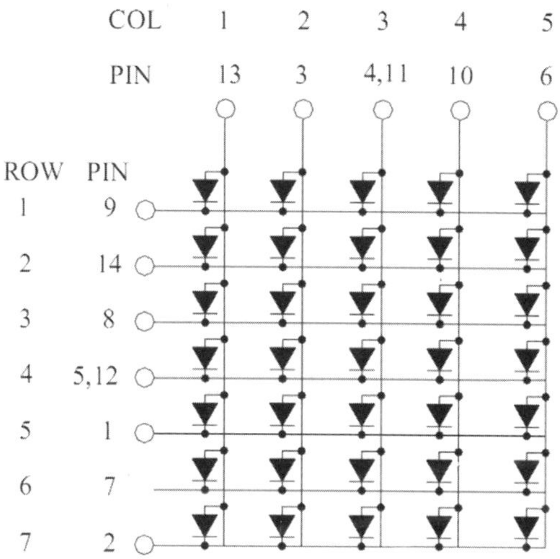

Abb. 5.16: Aufbau der LED-Matrix

Ein Beispiel: Um die LED ganz rechts unten einzuschalten, müssten Sie an Pin 6 eine Spannung anlegen und gleichzeitig Pin 2 auf Masse schalten.

Sie erkennen bereits die Problematik dieser LED-Matrix. Es ist nicht möglich, jede beliebige Kombination von LEDs gleichzeitig zu schalten. Aus diesem Grund bedient man sich der Trägheit des menschlichen Auges. Der Ablauf ist folgender:

1. Ausgangskonfiguration (keine LED leuchtet):
   a. COL1,COL2,COL3,COL4,COL5 = 0V
   b. ROW1,ROW2,ROW3,ROW4,ROW5,ROW6,ROW7 = 5V
2. COL1 = 5V (alle Dioden dieser Spalte sind mit Spannung versorgt)
3. Die einzelnen Reihen (ROW1-ROW7) werden nun je nach Wunsch auf 0V geschalten. Die entsprechenden LEDs leuchten (jedoch nur in dieser Spalte!)
4. Etwa 5ms in diesem Zustand verbleiben
5. COL1 = 0V, COL2 = 5V
6. Die einzelnen Reihen (ROW1-ROW7) werden nun je nach Wunsch auf 0V geschalten. Die entsprechenden LEDs leuchten (jedoch nur in dieser Spalte!)
7. Etwa 5ms in diesem Zustand verbleiben
8. COL2 = 0V, COL3 = 5V
9. usw.

Der Trick besteht nun also darin, jede Spalte für etwa 1–5 ms im richtigen Muster einzuschalten. Das Umschalten der Spalten geht zu schnell für das menschliche Auge und das resultierende Bild sieht daher „relativ ruhig" aus.

Ein weiterer Trick in diesem Beispiel findet sich in der Zuweisung der Pins. Die Reihen (ROW1 bis ROW7) sind hintereinander mit einem ganzen Port (PORTB) verbunden. Ist die entsprechende Spalte nun aktiviert, kann man ein ganzes (invertiertes!) Byte an diesen Port schreiben. Damit sollten die richtigen LEDs schon leuchten. Das ist natürlich eine sehr elegante Lösung und erspart einiges an Programmieraufwand. Warum ein invertiertes Byte? Ganz einfach deshalb, weil die hier mitgelieferte Schriftart eine „1" als *gesetzt* betrachtet. In unserem Fall muss aber eine „0" auf die Reihe geschrieben werden, um die LED zu aktivieren.

Die Schriftart ist eine sogenannte *5x7 Bitmap-Font*, besteht also aus 35 Bits pro Zeichen. Zur Vereinfachung nehmen wir hier fünf Bytes pro Zeichen (also 5x8 Bit). Um dann zum Beispiel den Buchstaben „A" auf das Segment ausgeben zu können, aktivieren wir die erste Spalte und schreiben in die entsprechenden Reihen (ROW1-ROW7) das erste Byte. Die zweite Spalte bekommt dann das zweite Byte, usw. Also ein sehr einfaches Format.

Ein weiteres Problem ergibt sich mit der Größe der Schriftart. Sie wissen ja, der Speicher des Mikrocontrollers ist sehr begrenzt und immerhin benötigen Sie für etwa 100 Zeichen ganze 500 Byte Speicher. In der Computerindustrie wäre das ein vernachlässigbar kleiner Wert, aber der Datenspeicher bietet Ihnen hier nur 128 Byte Speicher. Das ist eindeutig zu wenig. Aus diesem Grund bedienen wir uns eines weiteren sehr praktischen Tricks, nämlich der Speicherung im FLASH-Bereich. Das Programm selbst ist glücklicherweise nicht sehr groß geraten, Ihnen steht also der meiste FLASH-Speicher (Programmspeicher) noch zur Verfügung. Und genau hierhin legen wir die Schriftart.

Leider ist der Zugriff auf diesen Speicherbereich nicht ganz so einfach wie bei normalen Variablen. Am besten sehen Sie sich jedoch das mitgelieferte Beispiel an. Dort finden Sie den Zugriff auf die Schriftart und mit etwas Denkarbeit lässt sich diese Technik meistern. Ausreichend Informationen dazu finden Sie auch im Internet (jedoch nur in englischer Sprache) unter:

http://www.nongnu.org/avr-libc/user-manual/pgmspace.html

5.9.3 Erweiterungsmöglichkeiten

Ein ATtiny2313 ist kostengünstig. Es würde sich daher anbieten, zum Beispiel mehrere ATtiny2313 über ein I^2C Interface bzw. eine serielle Schnittstelle zu verbinden.

So könnte man (wenn auch etwas aufwändig) eine beliebig erweiterbare LED-Matrix-Laufschrift bauen. Jeder der Mikrocontroller (und das dazugehörigen Segment) hätte eine eigene I^2C-Adresse und wäre somit unabhängig von den anderen Elementen adressierbar.

6 Anhang

6.1 CD-ROM

Die folgende Tabelle zeigt die Ordnerstruktur der CD-ROM:

Verzeichnis	Inhalt
CD:\Beispiele	Enthält die im Kapitel *Anwendungen* behandelten Projekte im Quellcode und für den *ATmega8* vorkompiliert.
CD:\Datasheets	Hier finden Sie die wichtigsten Datasheets zu den im Buch beschriebenen Komponenten.
CD:\Dokumentation	In diesem Verzeichnis befinden sich eine Reihe von Tutorials, zusätzlichen Erklärungen etc.
CD:\Funktionstest	Im Kapitel *Vorbereitung* wird ein Funktionstest für Ihr STK500 oder myAVR-Board erklärt. Hier finden Sie die entsprechenden HEX-Files.
CD:\Nützliche Routinen	In diesem Ordner finden Sie häufig benötigte Routinen (EEPROM lesen/schreiben, RS232, ...) im Quellcode.
CD:\Software	In diesem Verzeichnis finden Sie das AVR-Studio, WinAVR/AVRGCC und viele weitere Tools, die Ihnen bei der Softwareentwicklung hilfreich sein werden.
CD:\Schaltungen	Hier finden Sie die Schaltungen zu den Anwendungen aus Kapitel 5 im PNG-Format zum Ausdrucken.

6.2 AVR-Assembler-Befehlssatz

Die folgenden Tabellen wurden von http://www.mikrocontroller.net/articles/AVR_Assembler_-_Vergleichstabelle übernommen. Sie finden dort immer die aktuellste Version. Großen Dank hiermit an die Ersteller dieser umfangreichen Auflistung.

Arithmetic and Logic Instructions						
	AT43USB 90S2313 90S8515	**tiny11/12**	**tiny13 tiny2313**	**tiny26**	**mega8**	**mega16 mega162 mega32 mega64 mega128**
ADD	✓	✓	✓	✓	✓	✓
ADC	✓	✓	✓	✓	✓	✓
ADIW	✓	X	✓	✓	✓	✓
SUB	✓	✓	✓	✓	✓	✓
SUBI	✓	✓	✓	✓	✓	✓
SBC	✓	✓	✓	✓	✓	✓
SBCI	✓	✓	✓	✓	✓	✓
SBIW	✓	X	✓	✓	✓	✓
AND	✓	✓	✓	✓	✓	✓
ANDI	✓	✓	✓	✓	✓	✓
OR	✓	✓	✓	✓	✓	✓
ORI	✓	✓	✓	✓	✓	✓
EOR	✓	✓	✓	✓	✓	✓
COM	✓	✓	✓	✓	✓	✓
NEG	✓	✓	✓	✓	✓	✓
SBR	✓	✓	✓	✓	✓	✓
CBR	✓	✓	✓	✓	✓	✓
INC	✓	✓	✓	✓	✓	✓
DEC	✓	✓	✓	✓	✓	✓
TST	✓	✓	✓	✓	✓	✓
CLR	✓	✓	✓	✓	✓	✓
SER	✓	✓	✓	✓	✓	✓
MUL	X	X	X	X	✓	✓
MULS	X	X	X	X	✓	✓
MULSU	X	X	X	X	✓	✓
FMUL	X	X	X	X	✓	✓
FMULS	X	X	X	X	✓	✓
FMULSU	X	X	X	X	✓	✓

Branch Instructions	AT43USB 90S2313 90S8515	tiny11/12	tiny13 tiny2313	tiny26	mega8	mega16 mega162 mega32 mega64 mega128
RJMP	✓	✓	✓	✓	✓	✓
IJMP	✓	X	✓	✓	✓	✓
EIJMP	X	X	X	X	X	X
JMP	X	X	X	X	X	✓
RCALL	✓	✓	✓	✓	✓	✓
ICALL	✓	X	✓	✓	✓	✓
EICALL	X	X	X	X	X	X
CALL	X	X	X	X	X	✓
RET	✓	✓	✓	✓	✓	✓
RETI	✓	✓	✓	✓	✓	✓
CPSE	✓	✓	✓	✓	✓	✓
CP	✓	✓	✓	✓	✓	✓
CPC	✓	✓	✓	✓	✓	✓
CPI	✓	✓	✓	✓	✓	✓
SBRC	✓	✓	✓	✓	✓	✓
SBRS	✓	✓	✓	✓	✓	✓
SBIC	✓	✓	✓	✓	✓	✓
SBIS	✓	✓	✓	✓	✓	✓
BRBS	✓	✓	✓	✓	✓	✓
BRBC	✓	✓	✓	✓	✓	✓
BREQ	✓	✓	✓	✓	✓	✓
BRNE	✓	✓	✓	✓	✓	✓
BRCS	✓	✓	✓	✓	✓	✓
BRCC	✓	✓	✓	✓	✓	✓
BRSH	✓	✓	✓	✓	✓	✓
BRLO	✓	✓	✓	✓	✓	✓
BRMI	✓	✓	✓	✓	✓	✓
BRPL	✓	✓	✓	✓	✓	✓
BRGE	✓	✓	✓	✓	✓	✓
BRLT	✓	✓	✓	✓	✓	✓
BRHS	✓	✓	✓	✓	✓	✓
BRHC	✓	✓	✓	✓	✓	✓
BRTS	✓	✓	✓	✓	✓	✓
BRTC	✓	✓	✓	✓	✓	✓
BRVS	✓	✓	✓	✓	✓	✓
BRVC	✓	✓	✓	✓	✓	✓
BRIE	✓	✓	✓	✓	✓	✓
BRID	✓	✓	✓	✓	✓	✓

Data Transfer Instructions

	AT43USB 90S2313 90S8515	tiny11/12	tiny13 tiny2313	tiny26	mega8	mega16 mega162 mega32 mega64 mega128
MOV	✓	✓	✓	✓	✓	✓
MOVW	X	X	✓	X	✓	✓
LDI	✓	✓	✓	✓	✓	✓
LDS	✓	X	✓	X	✓	✓
LD	✓	✓	✓	✓	✓	✓
LDD	✓	X	✓	✓	✓	✓
STS	✓	X	✓	✓	✓	✓
ST	✓	✓	✓	✓	✓	✓
STD	✓	X	✓	✓	✓	✓
LPM	✓	✓	✓	✓	✓	✓
ELPM	X	X	X	X	X	X
SPM	X	X	✓	X	✓	✓
IN	✓	✓	✓	✓	✓	✓
OUT	✓	✓	✓	✓	✓	✓
PUSH	✓	X	✓	✓	✓	✓
POP	✓	X	✓	✓	✓	✓

MCU Control Instructions

	AT43USB 90S2313 90S8515	tiny11/12	tiny13 tiny2313	tiny26	mega8	mega16 mega162 mega32 mega64 mega128
BREAK	X	X	X	X	X	✓
NOP	✓	✓	✓	✓	✓	✓
SLEEP	✓	✓	✓	✓	✓	✓
WDR	✓	✓	✓	✓	✓	✓

Bit and Bit-test Instructions

	AT43USB 90S2313 90S8515	tiny11/12	tiny13 tiny2313	tiny26	mega8	mega16 mega162 mega32 mega64 mega128
SBI	✓	✓	✓	✓	✓	✓
CBI	✓	✓	✓	✓	✓	✓
LSL	✓	✓	✓	✓	✓	✓
LSR	✓	✓	✓	✓	✓	✓
ROL	✓	✓	✓	✓	✓	✓
ROR	✓	✓	✓	✓	✓	✓
ASR	✓	✓	✓	✓	✓	✓
SWAP	✓	✓	✓	✓	✓	✓
BSET	✓	✓	✓	✓	✓	✓
BCLR	✓	✓	✓	✓	✓	✓
BST	✓	✓	✓	✓	✓	✓
BLD	✓	✓	✓	✓	✓	✓
SEC	✓	✓	✓	✓	✓	✓
CLC	✓	✓	✓	✓	✓	✓
SEN	✓	✓	✓	✓	✓	✓
CLN	✓	✓	✓	✓	✓	✓
SEZ	✓	✓	✓	✓	✓	✓
CLZ	✓	✓	✓	✓	✓	✓
SEI	✓	✓	✓	✓	✓	✓
CLI	✓	✓	✓	✓	✓	✓
SES	✓	✓	✓	✓	✓	✓
CLS	✓	✓	✓	✓	✓	✓
SEV	✓	✓	✓	✓	✓	✓
CLV	✓	✓	✓	✓	✓	✓
SET	✓	✓	✓	✓	✓	✓
CLT	✓	✓	✓	✓	✓	✓
SEH	✓	✓	✓	✓	✓	✓
CLH	✓	✓	✓	✓	✓	✓

6.3 ASCII-Zeichensatz

DEZ	HEX	ZEICHEN	DEZ	HEX	ZEICHEN	DEZ	HEX	ZEICHEN	DEZ	HEX	ZEICHEN
000	00	NUL	032	20		064	40	@	096	60	`
001	01	SOH	033	21	!	065	41	A	097	61	a
002	02	STX	034	22	"	066	42	B	098	62	b
003	03	ETX	035	23	#	067	43	C	099	63	c
004	04	EOT	036	24	$	068	44	D	100	64	d
005	05	ENQ	037	25	%	069	45	E	101	65	e
006	06	ACK	038	26	&	070	46	F	102	66	f
007	07	BEL	039	27	'	071	47	G	103	67	g
008	08	BS	040	28	(	072	48	H	104	68	h
009	09	HT	041	29	)	073	49	I	105	69	i
010	0A	LF	042	2A	*	074	4A	J	106	6A	j
011	0B	VT	043	2B	+	075	4B	K	107	6B	k
012	0C	FF	044	2C	,	076	4C	L	108	6C	l
013	0D	CR	045	2D	-	077	4D	M	109	6D	m
014	0E	SO	046	2E	.	078	4E	N	110	6E	n
015	0F	SI	047	2F	/	079	4F	O	111	6F	o
016	10	DLE	048	30	0	080	50	P	112	70	p
017	11	DC1	049	31	1	081	51	Q	113	71	q
018	12	DC2	050	32	2	082	52	R	114	72	r
019	13	DC3	051	33	3	083	53	S	115	73	s
020	14	DC$	052	34	4	084	54	T	116	74	t
021	15	NAK	053	35	5	085	55	U	117	75	u
022	16	SYN	054	36	6	086	56	V	118	76	v
023	17	ETB	055	37	7	087	57	W	119	77	w
024	18	CAN	056	38	8	088	58	X	120	78	x
025	19	EM	057	39	9	089	59	Y	121	79	y
026	1A	SUB	058	3A	:	090	5A	Z	122	7A	z
027	1B	ESC	059	3B	;	091	5B	[	123	7B	{
028	1C	FS	060	3C	<	092	5C	\	124	7C	|
029	1D	GS	061	3D	=	093	5D	]	125	7D	}
030	1E	RS	062	3E	>	094	5E	^	126	7E	~
031	1F	US	063	3F	?	095	5F		127	7F	?

Abb. 6.2: Der ASCII-Zeichensatz

6.4 Interrupt-Vektoren

Vektor	Alte Bezeichnung	Beschreibung
ADC_vect	SIG_ADC	ADC Conversion Complete
ANA_COMP_vect	SIG_COMPARATOR	Analog Comparator
ANALOG_COMP_vect	SIG_COMPARATOR	Analog Comparator
INT0_vect	SIG_INTERRUPT0	External Interrupt 0
INT1_vect	SIG_INTERRUPT1	External Interrupt Request 1
INT2_vect	SIG_INTERRUPT2	External Interrupt Request 2
INT3_vect	SIG_INTERRUPT3	External Interrupt Request 3
SPI_STC_vect	SIG_SPI	Serial Transfer Complete
TIMER0_COMP_vect	SIG_OUTPUT_COMPARE0	Timer/Counter0Compare Match
TIMER0_OVF_vect	SIG_OVERFLOW0	Timer/Counter0 Overflow
TIMER1_CAPT_vect	SIG_INPUT_CAPTURE1	Timer/Counter Capture Event
TIMER1_OVF_vect	SIG_OVERFLOW1	Timer/Counter1 Overflow
TIMER2_COMP_vect	SIG_OUTPUT_COMPARE2	Timer/Counter2 Compare Match
TIMER2_OVF_vect	SIG_OVERFLOW2	Timer/Counter2 Overflow
TWI_vect	SIG_2 WIRE_SERIAL	2-wire Serial Interface
UART_RX_vect	SIG_UART_RECV	UART, Rx Complete
UART_TX_vect	SIG_UART_TRANS	UART, Tx Complete
UART_UDRE_vect	SIG_UART_DATA	UART Data Register Empty
USART_RX_vect	SIG_USART_RECV, SIG_UART_RECV	USART, Rx Complete
USART_RXC_vect	SIG_USART_RECV, SIG_UART_RECV	USART, Rx Complete
USART_TXC_vect	SIG_USART_TRANS, SIG_UART_TRANS	USART, Tx Complete

6.5 Linksammlung

http://www.mikrocontroller.net
Umfangreichstes, deutschsprachiges Mikrocontroller-Portal (viel Support für den AVR, zahlreiche Tutorials und ein gut besuchtes Forum).

http://www.atmel.com/avr/
Hersteller des AVR Mikrocontrollers. Auf der Webseite finden Sie Datasheets, Application Notes und Software-Downloads.

http://www.avrfreaks.net
Das größte Portal für ATMEL AVR-Controller. Wird von ATMEL empfohlen und unterstützt.

http://www.elektronik-projekt.de/
Sehr aktives Forum mit Fokus auf Roboterentwicklung, Elektronik und Mikrocontroller.

http://sourceforge.net/projects/winavr
WinAVR – Open-Source-Entwicklungstools für den AVR.

http://sourceforge.net/projects/kontrollerlab
KontrollerLab – Open-Source-AVR-Entwicklungsumgebung für Linux.

http://www.nongnu.org/avr-libc/
AVR-GCC-Standardbibliothek.

http://rod.info/AVRMicro
Informationen zum Tool-Chain Setup für Linux.

http://www.sisy.de/
SiSy AVR ist eine grafische Entwicklungsumgebung für den AVR. Codegenerierung aus Klassendiagrammen.

http://www.hpinfotech.com/
CodeVisionAVR – Ein gut durchdachter C-Compiler mit Entwicklungsumgebung. Der Wizard ist sehr empfehlenswert.

http://www.myavr.de/
Kompakte AVR-Entwicklungsumgebung mit Terminalunterstützung.

http://www.amctools.com/vmlab.htm
VMLAB ist eine komplette Entwicklungsumgebung inklusive Simulator (plus Peripheriesimulation).

http://www.forestmoon.com/Software/AvrIoDesigner/
AVR-IO-Designer – Nettes Tools zur Generierung von Initialisierungscode für die Ein- und Ausgabeports.

http://algrom.net/
Grafischer Algorithmus-Builder für den AVR.

http://www.mcselec.com/bascom-avr.htm
BASCOM-(BASIC)-Compiler für den AVR.

http://www.harbaum.org/till/nanovm/index.shtml
NanoVM – Eine Java Virtual-Machine für den ATmega8.

http://www.mikrocontroller.net/articles/AVR-GCC-Tutorial
Gutes AVR-GCC-Tutorial.

http://www.avrtutor.com/tutorial/thermo/welcome.php
Englisches Einführungstutorial für den AVR.

http://www.sparkfun.com/commerce/present.php?p=BEE-1-PowerSupply
Noch ein weiteres, umfangreicheres Einführungstutorial für Digitaltechnik und Mikrocontroller.

http://www.avr-asm-tutorial.net/avr_de/index.html
Tutorial zum Einstieg in die Assemblerprogrammierung.

http://www.itee.uq.edu.au/~cse/_atmel/AVR_Studio_Tutorial/
Einfache Erklärung (Englisch) zur Einführung in die Verwendung des AVR-Studios.

http://www.mikrocontroller.com/de/avr-ctrl.php
Interessantes und einfaches Entwicklungsboard zum Selbstbau.

http://www.kanda.com
Hersteller des STK200 Starter Kits (Entwicklungsboard).

http://www.avrbuch.de/
Links zu weiteren Entwicklungsboards und vieles mehr.

Glossar

ADC

Analog/Digital-Converter oder Analog/Digital-Wandler. Die AVR-Controller besitzen mehrere ADCs. Diese Wandler dienen dazu, analoge Spannungen zu messen und diese in einen digitalen Wert zu konvertieren. Der ADC hat (meist) eine Auflösung von 10-Bit, d.h. er ist in der Lage 1024 Abstufungen zu unterscheiden. Bei 5V kann er also Unterschiede von 5mV unterscheiden.

ASCII

American Standard Code for Information Interchange. Amerikanischer Zeichencode. Ursprünglich eine Zeichenkodierung mit 7 Bits.

Assembler

Maschinenspezifische bzw. Prozessorabhängige Programmiersprache. Assembler ist die Programmiersprache, die zu der schnellsten Rechenzeit des auszuführenden Programms führt. Sie wird daher für viele Hochleistungsprogramme benutzt.

ATmega

8-Bit RISC Mikrocontroller aus der AVR Serie der Firma Atmel.

AVR

8-Bit RISC Mikrocontroller Serie der Firma Atmel. Laut Aussage von Atmel bedeutet AVR gar nichts. Manchmal ist zu lesen das der Name AVR „Advanced Virtual RISC“ bedeutet, oder auf die beiden Erfinder Alf Egin Bogen und Vegard Wollan zurückgehen („Alf Vegard RISC“) soll.

BASIC

Beginner's All-purpose Symbolic Instruction Code. Die am weitesten verbreitete, einfach erlernbare höhere Programmiersprache, mit der nahezu alle Personal Computer arbeiten können.

Baudrate

Die Baudrate gibt die Anzahl der Zustände des übertragenen Signals pro Sekunde an. Die Baudrate wird in der Einheit Baud gemessen. Die Anzahl der Bits pro Zustand multipliziert mit der Baudrate ergibt die Bitrate.

C

Höhere Programmiersprache, die mit einem geringen Befehlssatz auskommt und teilweise sehr hardwarenah ist. Ein Großteil des Betriebssystems UNIX ist in dieser Sprache geschrieben. C kann sowohl auf Großrechnern, Mikrocontrollern als auch auf PCs verwendet werden.

EEPROM

Beim EEPROM (Electricity Erasable Programmable Read Only Memory) handelt es sich um einen elektrisch löschbaren und programmierbaren Speicher.

Embedded System

Ein Embedded System ist ein Mikrocomputersystem, das für den Benutzer im Hintergrund bleibt, „eingebettet" ist und kaum bemerkt wird. Es besteht aus einer zentralen Prozessoreinheit (CPU) und Speicher (flüchtig und nichtflüchtig) mit Anschlussmöglichkeiten verschiedener peripherer Einheiten wie beispielsweise Sensoren bzw. Aktoren aller Art und der Kommunikationsmöglichkeit mit anderen Systemen.

Fuse-Bits

Als Fuse-Bits werden Bits eines Mikrocontrollers bezeichnet, die zur Konfiguration des Controllers dienen und von der Software nicht verändert werden können. Dies können zum Beispiel Sicherheitseinstellungen sein, die es verhindern, Daten aus dem Mikrocontroller auszulesen.

GNU

GNU's Not Unix (ein rekursives Akronym).

GPL

GNU General Public License. Die GPL ist eine von der Free Software Foundation herausgegebene Lizenz für die Lizenzierung freier Software.

GPS

Das GPS ist ein satellitengestütztes Ortungssystem, das vor allem als Navigationshilfe in der Luftfahrt und Seefahrt sowie für elektronische Lotsen und als Diebstahlsschutz in Autos eingesetzt wird. Zur Bestimmung der Position des mobilen Empfängers wird durch Messung der Signallaufzeit von dem Empfänger zu den GPS-Satelliten seine Entfernung und relative Position zu diesen Satelliten errechnet.

I^2C

Ein simpler Zweidraht-Bus, gedacht zur Kommunikation von elektronischen Bauelementen. In den 1980er-Jahren von Philips als Inter-IC-Bus entwickelt und spezifiziert.

IDE

Integrated Development Environment. Beispiele: AVR-Studio, Microsoft Visual Studio, Borland Delphi.

Integer

Oft *int* abgekürzt. Eine Integer ist eine Ganzzahl (ohne Komma). Sie werden deshalb so oft verwendet, weil sie wenig Speicher brauchen. Die Berechnungen sind daher sehr schnell. Bei einer Division von zwei Integerzahlen geht der Rest verloren. Integer Variablen können Werte im Bereich -32768 bis 32765 annehmen. Es gibt weitere Integertypen die unterschiedlich viel Speicher brauchen, und unterschiedliche Wertebereichc haben.

ISP

Programmierschnittstelle für Prozessoren. ISP ist eine Abkürzung für „In System Programming" oder „In System Programmer". Durch eine relativ einfache Zusatzhardware ist es möglich, den Mikrocontroller im System (d.h. auf der Platine) zu programmieren.

LCD

LCDs sind Flüssigkristallanzeigen vor allem für mobile Geräte der Kommunikations- und Unterhaltungselektronik. Für Industriemaschinen oder auch im Hobbybereich werden oft ein- bis zweizeilige Displays verwendet die mit einem Hitachi HD44780-kompatiblen Controller gesteuert werden.

myAVR

Ein wirklich gut durchdachtes und komplettes Lernpaket mit einem umfangreichen Entwicklungsboard (mit USB Support). Hersteller: Laser & Co. Solutions GmbH.

NIBBLE

Nibble auch Halbbyte genannt ist die Hälfte eines Bytes (also 4 Bit statt 8 Bit).

RISC

Eine Prozessor Architektur. RISC ist eine Abkürzung für „Reduced Instruction Set Computing". Übersetzt bedeutet dies etwa Rechnen mit reduziertem Befehlssatz. Beispiele für RISC Prozessoren sind die Atmel AVR Reihe sowie MIPS.

RS232

Siehe UART.

RTTTL

Ringing Tones Text Transfer Language oder Nokring ist ein verbreitetes Format für Klingeltöne für Mobiltelefone.

SPI

Ein von der Firma Motorola entwickelter synchroner, serieller Bus. SPI ist eine Abkürzung für „Serial Peripheral Interface". Es werden mind. 3 Datenleitungen benötigt, SDO (Data Out) bzw MOSI, SDI (Data In) bzw. MISO und SCLK (Datentakt) und ggf. ein oder mehrere Chip Select Signale.

STK500

Umfangreiches Entwicklungsboard von ATMEL. Kompatibel mit dem AVR-Studio. Wird über die serielle Schnittstelle mit dem PC verbunden.

TWI

TWI bedeutet „Two Wire Interface" und ist die Bezeichnung von Atmel für I^2C.

UART

UART nennt man ein Kommunikationsmodul eines Prozessors. UART ist eine Abkürzung für „Universal Asynchron Receiver Transmitter". Übersetzt bedeutet das

Universeller asynchroner Empfänger und Sender. Die Datenübertragung erfolgt seriell. Typische Anwendung einer UART ist z. B. die RS232 Schnittstelle.

USB

USB ist eine Abkürzung für „Universal Serial Bus". Ein Bussystem zur Anbindung von Peripherie Geräten an einen Computer. USB ersetzt nach und nach ältere Schnittstellen und Bussysteme wie RS232, LPT.

Watchdog

Der Begriff Watchdog (engl. für Wachhund) ist eine Vorrichtung welche verhindert, daß der Ausfall der Software zu einem Komplettausfall des Gerätes führt. Verhindert wird der Ausfall eines System, indem die Software in regelmäßigen Abständen dem Watchdog mitteilt, dass sie noch ordnungsgemäß arbeitet.

Sachverzeichnis

16-Bit-Timer 169
8051 9

A
Abfragen und Schleifen 8, 124
ADC 83
A/D-Wandler 38, 39
Ampersand 145
Analog/Digital-Konverter 7, 83
Analog-I/O 54
AND 139
ANSI 110
Anweisungen und Funktionen 8, 119
Arrays 135
Arrays 8
ASCII-Zeichensatz 8, 189
Assembler 7, 93
Assembler-Befehlssatz 8, 185
Asynchrone Übertragung 67
ATMega IDE 2007 22
ATmega 11
ATmega128 11
ATmega8 10, 11, 47
ATMEL-AVR-Produktfamilie 10
ATtiny 10
Ausgangskonfiguration des STK500 23
Ausgangskonfiguration 29
automatischer Reset 90
AVR910 12, 17
AVR-Doper 52
AVR-Dragon 31
AVRDUDE 19
AVR-Fuse-Calculator 48
AVRGCC 20, 31
AVRISPmkII 18
AVRISP/STK500-Protokoll 17
AVR-Studio 7, 19, 31
AvrUsb500 18

B
BASCOM AVR 21, 21
Baudrate 65
Bedingte Sprünge 7, 105
BeerWare 110
Befehlssatz 7, 93
Bit-Operationen 139
Bitoperationen 8
Blocking Mode 69
break 134
Breakpoints 40
BSD 110

C
C 8, 110
C166 9
Carry-Bit 109
cli() 64
Compare-Mode 172
Compare-Output-Mode 76
Counter 70
CTC-Mode 78, 172

D
Data-Direction-Register 58
Datenspeicher 55
DDR 58

Debugger/Simulator 31
Debugging 36
Digital-I/O 54
DWEN 51

E
eBay 11
EEPROM 7, 56, 88, 164
Endlosschleife 100
Entwicklungsboard 7, 11
Entwicklungsumgebung\Alternativen 7, 21
Entwicklungsumgebung (Linux/MacOS) 7, 22
Entwicklungsumgebung (Windows) 7, 19
Evertool 17

F
Fast-PWM-Mode 78
Flashen 27
for 133
Free-Running-Mode 83
Funktionstest 28
Fuse-Bits 47
Fuse-Bits 7

G
GDB 22
Global Interrupt Enable 109
GNU 21
GNU Bin-Utils 22
GNU-Tool-Chain 22
Google Earth 164
GPL 110
GPS Way-Tracker 164
GPS-Maus 164
GPSWayTracker 8
Grundbeschaltung 7, 14
GSM-Modem 168

H
Hauptprogramm 8, 111
Hello-World 111
High-Voltage-Programming 18
Hochsprache 110
HVProg 18

I
if 124
Include-Dateien 111
Interrupt-Kontroller 53
Interrupts 7, 63
Interrupt-Service-Routine (ISR) 64
INTERRUPTVEKTOR 142
I/O-View 38
ISP 13
ISP-Header 23
ISR 143

J
JTAGICE-/JTAG-Debugger 17

K
Klingelton 8, 169
Kommentierung 116
Kompilieren 35, 35
KontrollerLab 23

L
Linksammlung 8, 147
Linux Community 22
Load Immediate 99

M
MAX232 11, 64
Mikrocontroller 7, 53
myAVR Workpad PLUS 21
myAVR 7, 12, 29

N
Nachbauten des STK500 17
Non-Blocking Mode 69
NOT 139

O
Open-Source 110
Operand 99
Optimization 34
OR 139

P
Parallele Programmieradapter 17
Parallele Schnittstelle 16
Peripherie 7, 57
Phasenkorrekter PWM-Mode 78
Pointer 8, 144
PonyProg2000 17, 19, 50
Ports 57
Prescaler 70
Programmieradapter 7, 16
Programmiersoftware 7, 19
Programmspeicher 55
Project Wizard 32, 33
Prozessor 53
Pull-Up-Konfiguration 59, 60, 61

R
Rechtecksignal 169
  mit CTC-Mode 79
Register 7, 54, 57
Ritchie, Dennis 110
RS232 CTRL 25
RS232 SPARE 24
RS232 7, 64
RSTDISBL 51
RTTTL 169
RXD 64

S
Schlüsselwörter 118
sei() 64
Serielle Programmieradapter 17
Serielle Schnittstelle 7, 16, 64
SIGNAL 143
Simulationsumgebung 38
SimulAVR 22
Single-Conversion-Mode 83
SiSy AVR 21
Skelett 112
Software-Entwicklung 7, 31
Spannungsregler 15
Speicher 53
SPIEN 51
Sprunganweisung 100
Sprungmarke 100
SRAM 55
Stackspeicher 103
Standardbibliothek 21
Statusregister 7, 108
Step Into 37
Step Over 37
Stern-Operator 146
STK200 17
STK300 17
STK500 7, 11, 23
Strings 136
Stromverbrauch 10
Stromversorgung 15
Support 30
switch 127
Syntax-Highlighting 31

T
Taktgeber 47
Timer/Counter 7, 53, 70
Transmit-Buffer 69
TXD 64

U
Überspannung 16
UBRR 65
UNIX 110
Unterprogramme 7, 102
USART 7, 64
USB 16
USBisp 18
USBprog 18
USB-Programmieradapter 18

V
Variablen 8, 113
Versorgungsspannung 15
Vorbereitung 7, 9

W
Watchdog-Timer 7, 90
Waveform Generation 78
Waveform-Generation-Mode 169
while 129
WinAVR 20, 21

X
XOR 139

Z
Zeichenketten 136
Zeiger 144
Zeiger 8
Zero-Bit 109